2023年版全国一级建造师执业资格考试辅导

铁路工程管理与实务

全国一级建造师执业资格考试辅导编写委员会　编写

中国建筑工业出版社
中国城市出版社

图书在版编目（CIP）数据

铁路工程管理与实务复习题集／全国一级建造师执
业资格考试辅导编写委员会编写．—北京：中国城市出
版社，2023.4
2023年版全国一级建造师执业资格考试辅导
ISBN 978-7-5074-3581-8

Ⅰ.① 铁…　Ⅱ.① 全…　Ⅲ.① 铁路工程—资格考试—
习题集　Ⅳ.① U2-44

中国国家版本馆CIP数据核字（2023）第043257号

责任编辑：李　璇　牛　松
责任校对：芦欣甜

2023年版全国一级建造师执业资格考试辅导
铁路工程管理与实务复习题集
全国一级建造师执业资格考试辅导编写委员会　编写
*
中国建筑工业出版社、中国城市出版社出版、发行（北京海淀三里河路9号）
各地新华书店、建筑书店经销
北京云浩印刷有限责任公司印刷
*
开本：787毫米×1092毫米　1/16　印张：12¾　字数：273千字
2023年5月第一版　　2023年5月第一次印刷
定价：**45.00**元（含增值服务）
ISBN 978-7-5074-3581-8
（904583）
如有内容及印装质量问题，请联系本社读者服务中心退换
电话：（010）58337283　QQ：924419132
（地址：北京海淀三里河路9号中国建筑工业出版社604室　邮政编码：100037）

出版说明

为了满足广大考生的应试复习需要，便于考生准确理解考试大纲的要求，尽快掌握复习要点，更好地适应考试，根据"一级建造师执业资格考试大纲"（2018 年版）（以下简称"考试大纲"）和"2023 年版全国一级建造师执业资格考试用书"（以下简称"考试用书"），我们组织全国著名院校和企业以及行业协会的有关专家教授编写了"2023 年版全国一级建造师执业资格考试辅导——复习题集"（以下简称"复习题集"）。此次出版的复习题集共 13 册，涵盖所有的综合科目和专业科目，分别为：

- 《建设工程经济复习题集》
- 《建设工程项目管理复习题集》
- 《建设工程法规及相关知识复习题集》
- 《建筑工程管理与实务复习题集》
- 《公路工程管理与实务复习题集》
- 《铁路工程管理与实务复习题集》
- 《民航机场工程管理与实务复习题集》
- 《港口与航道工程管理与实务复习题集》
- 《水利水电工程管理与实务复习题集》
- 《矿业工程管理与实务复习题集》
- 《机电工程管理与实务复习题集》
- 《市政公用工程管理与实务复习题集》
- 《通信与广电工程管理与实务复习题集》

《建设工程经济复习题集》《建设工程项目管理复习题集》《建设工程法规及相关知识复习题集》包括单选题和多选题，专业工程管理与实务复习题集包括单选题、多选题、实务操作和案例分析题。题集中附有参考答案、难点解析、案例分析以及综合测试等。为了帮助应试考生更好地复习备考，我们开设了在线辅导课程，考生可通过中国建筑出版在线网站（exam.cabplink.com）了解相关信息，参加在线辅导课程学习。

为了给广大应试考生提供更优质、持续的服务，我社对上述 13 册图书提供网上增值服务，包括在线答疑、在线视频课程、在线测试等内容。

复习题集紧扣考试大纲，参考考试用书，全面覆盖所有知识点要求，力求突出重点，解释难点。题型参照考试大纲的要求，力求练习题的难易、大小、长短、宽窄适中。各科目考试时间、分值见下表：

序 号	科目名称	考试时间（小时）	满 分
1	建设工程经济	2	100
2	建设工程项目管理	3	130
3	建设工程法规及相关知识	3	130
4	专业工程管理与实务	4	160

本套复习题集力求在短时间内切实帮助考生理解知识点，掌握难点和重点，提高应试水平及解决实际工作问题的能力。希望这套题集能有效地帮助一级建造师应试人员提高复习效果。本套复习题集在编写过程中，难免有不妥之处，欢迎广大读者提出批评和建议，以便我们修订再版时完善，使之成为建造师考试人员的好帮手。

中国建筑工业出版社

中国城市出版社

2023 年 2 月

购正版图书　享超值服务

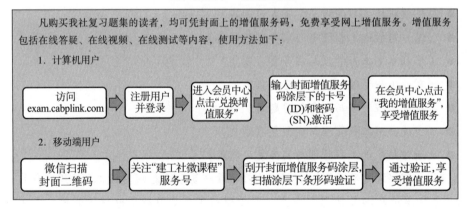

凡购买我社复习题集的读者，均可凭封面上的增值服务码，免费享受网上增值服务。增值服务包括在线答疑、在线视频、在线测试等内容，使用方法如下：

1. 计算机用户

访问 exam.cabplink.com → 注册用户并登录 → 进入会员中心点击"兑换增值服务" → 输入封面增值服务码涂层下的卡号(ID)和密码(SN),激活 → 在会员中心点击"我的增值服务",享受增值服务

2. 移动端用户

微信扫描封面二维码 → 关注"建工社微课程"服务号 → 刮开封面增值服务码涂层,扫描涂层下条形码验证 → 通过验证,享受增值服务

读者如果对图书中的内容有疑问或问题，可关注微信公众号【建造师应试与执业】，与图书编辑团队直接交流。

建造师应试与执业

前　言

为了满足广大考生的应试需要，便于深入掌握《一级建造师执业资格考试大纲（铁路工程）》（2018 年版）所规定的知识范围，较全面地掌握复习要点，熟知考试题型，本书编委会依据《一级建造师执业资格考试大纲（铁路工程）》（2018 年版），参照 2023 年版全国一级建造师执业资格考试用书《铁路工程管理与实务》，编写了 2023 年版全国一级建造师执业资格考试辅导《铁路工程管理与实务复习题集》。

2023 年版全国一级建造师执业资格考试辅导《铁路工程管理与实务复习题集》与 2023 年版全国一级建造师执业资格考试用书《铁路工程管理与实务》的内容章节相对应。为在短时间内帮助考生理解考点、掌握考试重、难点，本书编委会依据考试大纲的要求，针对大部分的章节编写了相应的习题，习题类型包括单选、多选、实务操作和案例分析题，题目类型全面，题目覆盖面较广，以提高考生解决实际工作问题的能力和应试水平。

参与本书编写工作的专家和学者既有从事相关专业教学的高等院校教师，又有来自现场工程建设项目的管理人员和技术人员，具有丰富的教学经验和实践经验。

本书编写过程中，虽然经过专家和学者的反复推敲、斟酌，难免有不妥之处，欢迎广大读者提出批评和建议。

目　录

1C410000　铁路工程技术 ··· 1

  1C411000　铁路工程施工测量 ································· 1

    1C411010　铁路工程施工测量的组织实施及测量成果评价 ······· 1

    1C411020　铁路工程施工测量控制网的布设要求 ··············· 3

    1C411030　铁路工程施工测量方法 ··························· 4

  1C412000　铁路工程材料 ··································· 9

    1C412010　水泥使用范围及质量检验评定方法 ··············· 9

    1C412020　混凝土外加剂及矿物掺合料的分类及作用 ········· 11

    1C412030　钢筋使用范围及质量检验评定方法 ··············· 12

    1C412040　混凝土配合比确定程序及无损检测方法 ··········· 14

    1C412050　混凝土质量评定方法 ························· 16

  1C413000　铁路路基工程 ································· 19

    1C413010　铁路路堑施工方法及要求 ····················· 19

    1C413020　铁路路堤施工方法及要求 ····················· 21

    1C413030　铁路地基处理方法及施工要求 ··············· 24

    1C413040　铁路路基支挡结构及施工要求 ··············· 27

    1C413050　铁路路基坡面防护方式及施工要求 ··········· 30

    1C413060　铁路路基防排水方式及施工要求 ············· 33

  1C414000　铁路桥涵工程 ································· 36

    1C414010　铁路桥梁基础施工方法 ····················· 36

    1C414020　铁路桥梁墩台施工方法 ····················· 43

    1C414030　铁路桥梁梁部施工方法 ····················· 44

    1C414040　铁路涵洞施工方法及控制要点 ··············· 50

    1C414050　铁路营业线桥涵施工方法及施工防护措施 ······· 50

1C415000 铁路隧道工程 ·················· 55

　1C415010　铁路隧道开挖 ·················· 55

　1C415020　铁路隧道支护 ·················· 59

　1C415030　铁路隧道防排水 ·················· 60

　1C415040　铁路隧道衬砌 ·················· 61

　1C415050　铁路隧道施工辅助作业要求 ·················· 63

1C416000 铁路轨道工程 ·················· 66

　1C416010　铁路轨道技术 ·················· 66

　1C416020　无缝线路铺设 ·················· 69

　1C416030　有砟轨道铺设 ·················· 71

　1C416040　无砟轨道道床 ·················· 73

1C417000 铁路"四电"工程 ·················· 76

　1C417010　铁路电力工程 ·················· 76

　1C417020　铁路电力牵引供电工程 ·················· 79

　1C417030　铁路通信工程 ·················· 81

　1C417040　铁路信号工程 ·················· 82

1C420000　铁路工程项目施工管理 ·················· **85**

　1C420010　铁路工程项目施工组织部署 ·················· 85

　1C420020　铁路工程项目施工方案的编制 ·················· 87

　1C420030　铁路工程项目施工组织进度计划的编制 ·················· 88

　1C420040　铁路工程项目施工资源配置计划的编制 ·················· 89

　1C420050　铁路工程项目管理措施的编制 ·················· 91

　1C420060　铁路工程项目施工质量管理措施 ·················· 92

　1C420070　铁路新线施工安全管理措施 ·················· 94

　1C420080　铁路营业线施工安全管理措施 ·················· 97

　1C420090　铁路工程项目施工进度管理要求及方法 ·················· 99

　1C420100　铁路工程项目合同管理要求及方法 ·················· 100

　1C420110　铁路工程造价管理要求及方法 ·················· 101

　1C420120　铁路工程项目成本管理要求及方法 ·················· 102

　1C420130　铁路工程项目环境保护管理要求及措施 ·················· 103

　1C420140　铁路工程项目文明施工管理要求及措施 ·················· 104

　1C420150　铁路工程项目现场技术管理要求及方法 ·················· 104

　1C420160　铁路工程项目现场试验管理要求及方法 ·················· 105

　　　1C420170　铁路工程项目施工质量验收 ·········· 106

　　　1C420180　铁路工程项目竣工验收 ·········· 107

1C430000　铁路工程项目施工相关法规与标准 ·········· **112**

1C431000　铁路建设管理法律法规 ·········· 112

　　1C431010　铁路法相关规定 ·········· 112

　　1C431020　铁路安全管理条例相关规定 ·········· 112

　　1C431030　铁路交通事故应急救援和调查处理相关规定 ·········· 114

1C432000　铁路建设管理相关规定 ·········· 115

　　1C432010　铁路基本建设工程设计概（预）算编制相关规定 ·········· 115

　　1C432020　铁路建设工程施工招标投标相关规定 ·········· 116

　　1C432030　铁路建设工程招标投标监管相关规定 ·········· 118

　　1C432040　铁路建设工程质量管理相关规定 ·········· 119

　　1C432050　铁路建设工程安全生产管理相关规定 ·········· 120

　　1C432060　铁路营业线施工安全管理相关规定 ·········· 121

　　1C432070　铁路建设工程质量安全监管相关规定 ·········· 123

　　1C432080　铁路建设项目施工作业指导书编制相关规定 ·········· 123

　　1C432090　铁路建设项目物资设备管理相关规定 ·········· 124

　　1C432100　铁路工程建设市场信用体系建设相关规定 ·········· 125

　　1C432110　铁路工程严禁违法分包及转包相关规定 ·········· 126

　　1C432120　铁路建设项目变更设计管理相关规定 ·········· 127

　　1C432130　铁路建设项目验工计价相关规定 ·········· 129

实务操作和案例分析题 ·········· **133**

综合测试题（一） ·········· **170**

综合测试题（二） ·········· **181**

网上增值服务说明 ·········· **193**

1C410000　铁路工程技术

1C410000
扫一扫
看本章精讲课
配套章节自测

1C411000　铁路工程施工测量

1C411010　铁路工程施工测量的组织实施及测量成果评价

 复习要点

1. 施工测量的组织实施
2. 施工测量的成果评价
3. 施工测量仪器的使用方法

一　单项选择题

1. 铁路工程测量阶段，由（　　）对施工测量质量实行过程检查和最终检查。
   - A. 测量单位
   - B. 施工单位
   - C. 监理单位
   - D. 建设单位

2. 在铁路工程施工中，施工测量成果的评定采用百分制，按缺陷扣分法和加权平均法计算测量成果综合得分，以下属于施工测量重缺陷的是（　　）。
   - A. 起算数据采用错误
   - B. 计算程序采用错误
   - C. 观测条件掌握不严

   - D. 整饰各种资料缺点

3. 施工单位对铁路施工测量质量实行过程检查和最终检查，其中承担过程检查的人员是（　　）。
   - A. 测量队检查人员
   - B. 架子队质检人员
   - C. 安质部质检人员
   - D. 现场监理工程师

4. 铁路施工测量的目的是根据施工的需要，将设计的线路、桥涵、隧道、轨道等建筑物的（　　），按设计要求以一定的精度敷设在地面上。

A. 平面位置和高程

B. 地理位置

C. 标高和长度

D. 相对位置

5. 铁路工程施工测量中测量仪器设备及工具必须（　　）。

A. 定期（一般为2年）到国家计量部门进行检定，取得合格证书后方可使用

B. 定期（一般为1年）到国家计量部门进行检定，取得合格证书后方可使用

C. 定期（一般为1年）到国家计量部门进行检定即可

D. 定期（一般为2年）到国家计量部门进行检定即可

6. 对工程项目的一般测量科目必须实行（　　）。

A. 彻底换手测量

B. 同级换手测量

C. 更换全部测量仪器

D. 更换全部测量人员

7. 鉴于不同的工程对象有不同的精度要求，所以，测量仪器应选用得当，精度标准不能低于（　　），但也不宜过严。

A. 企业要求　　　B. 项目要求

C. 规范要求　　　D. 行业要求

8. 铁路施工测量所用的测量仪器设备及工具必须定期（一般为1年）到（　　）进行检定，取得合格证书后方可使用。

A. 企业计量部门　B. 国家计量部门

C. 企业技术部门　D. 国家质监部门

9. 铁路施工测量验收工作一般由（　　）实施，检查工作应由（　　）实施。

A. 监理单位、建设单位

B. 施工单位、建设单位

C. 建设单位、监理单位

D. 监理单位、施工单位

10. 某铁路隧道施工测量，施工单位对测量质量实行过程检查和最终检查，其中最终检查应由施工单位的（　　）负责实施。

A. 项目技术人员　B. 施工测量人员

C. 质量管理机构　D. 安全管理机构

二　多项选择题

1. 下列测量仪器中，属于按结构分类命名的水准仪器有（　　）。

A. 微倾水准仪　　B. 激光水准仪

C. 精密水准仪　　D. 光学水准仪

E. 数字水准仪

2. 对工程的一般测量科目应实行同级换手测量，同级换手测量需要更换（　　）。

A. 观测人员　　　B. 计算人员

C. 全部测量人员　D. 全部仪器

E. 全部计算资料

3. 铁路施工测量质量特性分为一级和二级。下列施工测量二级质量特性中，属于一级质量特性观测项目内容的有（　　）。

A. 标桩的埋设质量

B. 仪器检验的正确性

C. 手簿记录的完备性

D．验算的正确性

E．平差计算的正确性

4．施工测量仪器设备组织包括（　　）。

A．仪器检校完善，专人维护保养

B．同级换手测量，更换计算人员

C．仪器选用正确，标准选用得当

D．记录清楚，签署完善

E．执行规范，超限返工

5．关于测量成果的记录、计算、复核和检算的说法，正确的有（　　）。

A．所有测量成果必须认真做好记录

B．按规定用铅笔填写在规定的表格内

C．错误之处直接用橡皮涂擦掉后改正

D．计算成果应书写清楚，签署完整

E．无论人工还是电子记录都应有备份

6．关于铁路施工测量人员组织的说法，正确的有（　　）。

A．经过专业的培训

B．具有较高的学历

C．获得技术培训和上岗证书

D．具有登高和攀爬能力

E．责任心强、能吃苦耐劳

7．下列测量缺陷中，属于施工测量轻缺陷的有（　　）。

A．上交资料不完整

B．伪造成果

C．观测条件掌握不严

D．各种资料的整饰缺点

E．各种注记错漏

8．下列铁路工程中，适用于《铁路工程测量规范》TB 10101—2018 的有（　　）。

A．300km/h 高速铁路

B．200km/h 客货共线

C．200km/h 改建铁路

D．200km/h 城际铁路

E．200km/h 重载铁路

9．关于施工测量成果评价的说法，正确的有（　　）。

A．测量成果评定方法采用百分制

B．测量成果质量由验收单位评定

C．采用缺陷扣分法计算测量成果

D．采用加权平均法计算测量成果

E．测量成果质量由施工单位评定

10．以下属于施工测量重缺陷的有（　　）。

A．控制点点位选择不当

B．施工放样时，放样条件不具备

C．各项误差有 50% 以上大于限差的 1/2

D．记录中的计算错误对结果影响较大

E．起算数据采用错误

1C411020　铁路工程施工测量控制网的布设要求

复习要点

1．基础平面控制网的布设要求

2．线路平面控制网的布设要求

1. CPⅠ控制网要按（　　）标准施测。
   A. 一等 GPS　　　B. 二等 GPS
   C. 一等导线　　　D. 二等导线

2. CPⅡ控制网宜在（　　）阶段完成。
   A. 初测　　　　　B. 定测
   C. 施工　　　　　D. 竣工

1C411030　铁路工程施工测量方法

 复 习 要 点

1. 线路测量方法
2. 线路沉降观测及评估方法
3. 桥涵测量方法
4. 隧道测量方法
5. 构筑物变形测量方法
6. 轨道施工测量方法
7. 电力线路施工测量方法
8. 电力牵引供电施工测量方法

1. 线下工程施工前，现场 CP 0、CPⅠ、CPⅡ控制桩和线路水准基点桩的交接工作由（　　）单位组织，并履行交桩手续。
   A. 建设　　　　　B. 设计
   C. 咨询　　　　　D. 监理

2. 施工单位接桩后进行复测，当复测后的 CPⅠ、CPⅡ和线路水准基点较差满足规范规定时，应采用（　　）。
   A. 复测成果
   B. 原测成果
   C. 复测和原测的符合成果
   D. 同精度内插方法更新成果

3. 施工单位应根据施工需要开展不定期复测维护，新建 250～350km/h 高速铁路复测时间间隔不应大于（　　）个月，新建 200km/h 及以下铁路复测时间间隔不应大于（ ）个月。

A. 3，6   B. 3，9

C. 6，12   D. 9，12

4. 下列控制网成果采用原则中，符合 CPⅢ 建网前复测控制网成果采用应遵循的原则是（ ）。

A. CPⅠ控制点应全部采用原测成果

B. CPⅠ控制点应全部采用复测成果

C. CPⅡ控制点应全部采用原测成果

D. CPⅡ控制点应全部采用复测成果

5. 线路中线测量前，当控制点精度和密度不能满足中线测量需要时，平面应按（ ）等 GNSS 或一级导线测量精度要求加密。

A. 三   B. 四

C. 五   D. 六

6. 路基加固工程施工放样可采用（ ）施测。

A. GNSS RTK 法

B. 水准仪坐标法

C. 断面仪施测法

D. 横断面测量法

7. 线下工程竣工测量线路中线桩高程应利用（ ）控制点进行测量。

A. CP0   B. CPⅠ

C. CPⅡ   D. CPⅢ

8. 隧道竣工横断面应采用（ ）测量。

A. GNSS RTK   B. 水准仪

C. 断面仪   D. 平板仪

9. 路基施工放样边桩测设的限差不应大于（ ）cm。

A. 5   B. 10

C. 15   D. 20

10. 实施铁路工程沉降变形观测与评估工作的单位是（ ）。

A. 建设单位   B. 评估单位

C. 设计单位   D. 监理单位

11. 高速铁路路基填筑完成或施加预压荷载后沉降变形观测期不应少于（ ）个月。

A. 3   B. 4

C. 5   D. 6

12. 高速铁路路基填筑期间路堤中心地面沉降速率不应大于（ ）mm/d，坡脚水平位移速率不应大于（ ）mm/d。

A. 5，5   B. 5，10

C. 10，5   D. 10，10

13. 下列桥梁位置中，可以选择典型墩台进行沉降变形观测的是（ ）。

A. 软土地段   B. 岩溶地区

C. 摩擦桩基础   D. 嵌岩桩基础

14. 隧道沉降变形观测应以（ ）沉降为主。

A. 拱顶   B. 边墙

C. 仰拱   D. 地面

15. 隧道内沉降变形观测断面的布设应根据地质围岩级别确定，对于Ⅳ级围岩观测断面最大间距是（ ）m。

A. 200   B. 300

C. 400   D. 600

16. 桥梁施工测量方法一般有：控制测量、墩台定位及其轴线测设、桥梁结构细部放样、变形观测和竣工测量等。对于小型桥梁施工测量一般可以不进行的是（ ）。

A. 控制测量   B. 墩台定位

C. 细部放样   D. 变形观测

17. 铁路隧道施工测量中，相向开挖相同贯通里程的中线点在空间不相重合，此两点在空间的连线误差在高程方向的分量称为（　　）。

A. 纵向贯通误差

B. 横向贯通误差

C. 水平贯通误差

D. 高程贯通误差

18. 涵洞的基础放样是依据（　　）测设的。

A. 地面标高

B. 纵横轴线

C. 基坑深度

D. 放坡系数

19. 轨道工程施工前应按要求建立（　　）轨道控制网。

A. CP 0　　　　　　B. CPⅠ

C. CPⅡ　　　　　　D. CPⅢ

20. 无砟道岔两端应预留一定长度作为道岔与区间无砟轨道衔接测量的调整距离，其长度应不小于（　　）m。

A. 100　　　　　　B. 200

C. 300　　　　　　D. 400

三　多项选择题

1. 线下工程施工前，设计单位向施工单位提交控制测量成果资料。现场交接的桩橛有（　　）。

A. CP 0 控制桩　　B. CPⅠ控制桩

C. CPⅡ控制桩　　D. CPⅢ控制桩

E. 线路水准基点桩

2. 铁路工程建设期间，应开展控制网定期和不定期复测维护工作。定期复测内容包括（　　）。

A. CP 0　　　　　　B. CPⅠ

C. CPⅡ　　　　　　D. CPⅢ

E. 线路水准基点

3. 铁路工程路基施工测量包括（　　）等内容。

A. 路基横断面测量

B. 路基改河改沟测量

C. 路基施工放样

D. 地基加固工程施工放样

E. 线路中线贯通测量

4. 在线下工程竣工后、轨道施工前，应进行线下工程竣工测量。测量内容包括（　　）。

A. 平面控制网测量

B. 高程控制网测量

C. 横断面竣工测量

D. 纵断面竣工测量

E. 线路中线贯通测量

5. 铁路工程路基竣工横断面测量方法有（　　）。

A. 全站仪测量　　B. 水准仪测量

C. 断面仪测量　　D. 平板仪测量

E. GNSS RTK 测量

6. 线下工程竣工测量完成后，线下工程施工单位应向轨道施工单位提交的桩橛有（　　）。

A. 平面控制点　　B. 高程控制点

C. 沉降观测点　　D. 线路边线桩

E. 线路中线桩

7. 线路沉降变形评估应绘制沉降变形评估图。沉降变形评估图内容包括（　　）等。

A. 结构物标识

B. 工前沉降限值

C. 实测累计沉降量

D. 预测工后沉降量

E. 预测总沉降量

8. 线路沉降变形评估报告除包含铺轨后至交验期间沉降变形情况分析内容外，还应包含（　　）。

A. 观测点的沉降预测分析

B. 洞顶沉降分析

C. 桥梁徐变分析

D. 沉降变形评估

E. 评估结论及建议

9. 桥梁的细部放样主要包括（　　）。

A. 基础施工放样

B. 墩台身的施工放样

C. 梁身的细部放样

D. 顶帽及支撑垫石的施工放样

E. 架梁时的落梁测设工作

10. 小桥施工测量的主要内容有（　　）。

A. 桥梁控制测量

B. 墩台定位及其轴线测设

C. 桥梁细部放样

D. 变形观测

E. 竣工测量

11. 桥梁竣工测量分两阶段进行，第一阶段是在桥梁墩台施工完毕、梁部架设前对全线桥梁进行贯通测量，其测量内容包括（　　）。

A. 墩台的纵向中心线

B. 墩台的横向中心线

C. 支承垫石顶高程

D. 桥面的宽度

E. 墩台间跨度

12. 涵洞按其与线路的相对位置分类，可分为（　　）。

A. 正交涵　　　　B. 交通涵

C. 过水涵　　　　D. 斜交涵

E. 倒虹吸

13. 涵洞定位的方法包括（　　）。

A. 偏角法　　　　B. 测距法

C. 极坐标法　　　D. 直线延伸法

E. 逐渐趋近法

14. 隧道相向开挖时，在相同贯通里程的中线点空间存在不相重合，此两点在空间的连接误差名称包含（　　）。

A. 贯通误差　　　B. 闭合误差

C. 横向误差　　　D. 纵向误差

E. 高程误差

15. 隧道工程施工需要进行的主要测量工作包括（　　）。

A. 洞外控制测量

B. 洞外、洞内的联系测量

C. 洞内控制测量

D. 洞内施工模板定位测量

E. 地面变形测量

16. 隧道竣工测量内容包括（　　）。

A. CPⅡ控制网测量

B. 水准贯通测量

C. 中线贯通测量

D. 衬砌侵限测量

E. 横断面测量

17. 隧道进洞测量是将洞外的（　　）引测

到隧道内，使洞内和洞外建立统一坐标和高程系统。

A．坐标　　　B．高程

C．方向　　　D．角度

E．平面位置

18．铁路工程结构物倾斜监测方法有(　　　)。

A．激光准直法

B．垂线法

C．摄影测量法

D．差异沉降法

E．经纬仪投点法

 参 考 答 案

【1C411010　参考答案】

一、单项选择题

1	2	3	4	5	6
B	C	A	A	B	B
7	8	9	10		
C	B	D	C		

二、多项选择题

1	2	3	4
A、B、E	A、B	B、C、D	A、C
5	6	7	8
A、B、D、E	A、C、D、E	D、E	B、D、E
9	10		
A、C、D、E	A、B、C、D		

【1C411020　参考答案】

一、单项选择题

1	2		
B	B		

【1C411030　参考答案】

一、单项选择题

1	2	3	4	5	6
A	B	C	D	C	A
7	8	9	10	11	12
D	C	B	B	D	C
13	14	15	16	17	18
D	C	B	A	D	B
19	20				
D	B				

二、多项选择题

1	2	3	4
A、B、C、E	B、C、E	A、B、C、D	C、E
5	6	7	8
A、E	A、B、C、E	A、C、D、E	A、C、D、E
9	10	11	12
A、B、D、E	B、C、D、E	A、B、C、E	A、D
13	14	15	16
A、C、D	A、B、C、E	A、B、C	A、B、C、E
17	18		
A、B、C	A、B、D、E		

1C412000　铁路工程材料

1C412010　水泥使用范围及质量检验评定方法

复习要点

1. 水泥使用范围
2. 水泥质量检验评定方法

一　单项选择题

1. 在快硬硅酸盐水泥的使用过程中，如果对于水泥的质量问题存在怀疑或者出厂日期超过（　　）个月，应进行复检。
   A. 0.5　　　　　　B. 1
   C. 2　　　　　　　D. 3

2. 下列指标中试验结果被评定为不符合标准，可判定水泥为废品的是（　　）。
   A. 细度　　　　　B. 终凝时间
   C. 初凝时间　　　D. 出厂编号

3. 下列水泥品种中，不适用于大体积混凝土工程的是（　　）。
   A. 粉煤灰硅酸盐水泥
   B. 普通硅酸盐水泥
   C. 矿渣硅酸盐水泥
   D. 复合硅酸盐水泥

4. 下列环境条件中，不得使用硅酸盐水泥的是（　　）。
   A. 低温条件下施工

   B. 先张预应力制品
   C. 配置高强度混凝土
   D. 有化学侵蚀的工程

5. 下列水泥品种中，不适用于地下工程施工的是（　　）。
   A. 粉煤灰硅酸盐水泥
   B. 矿渣硅酸盐水泥
   C. 普通硅酸盐水泥
   D. 火山灰质硅酸盐水泥

6. 下列不属于矿渣硅酸盐水泥优点的是（　　）。
   A. 需水性小　　　B. 水化热低
   C. 抗冻性强　　　D. 受热性好

7. 对于有化学侵蚀的工程，不能使用的水泥品种是（　　）。
   A. 硅酸盐水泥
   B. 复合硅酸盐水泥
   C. 矿渣硅酸盐水泥
   D. 粉煤灰硅酸盐水泥

8．下列水泥品种中属于特种水泥的是
（　　）。

A．复合硅酸盐水泥

B．普通硅酸盐水泥

C．矿渣硅酸盐水泥

D．低热和中热水泥

二　多项选择题

1．下列试验项目中，属于水泥试验的有
（　　）。

A．抗冻性试验　　B．胶砂强度试验

C．安定性试验　　D．凝结时间试验

E．抗渗性试验

2．下列试验结果中，应判定为不合格水泥
的有（　　）。

A．细度不符合标准

B．安定性不符合标准

C．初凝时间不符合标准

D．终凝时间不符合标准

E．强度低于商品强度等级规定

3．下列水泥品种中，适用于有化学侵蚀工
程的有（　　）。

A．普通硅酸盐水泥

B．复合硅酸盐水泥

C．矿渣硅酸盐水泥

D．粉煤灰硅酸盐水泥

E．火山灰质硅酸盐水泥

4．下列水泥试验检测指标中，不符合标准
规定时可判定水泥为废品的有（　　）。

A．细度　　　　　B．初凝时间

C．终凝时间　　　D．三氧化硫含量

E．氧化镁含量

5．下列水泥质量标准中，属于水泥质量评
定标准的有（　　）。

A．优质水泥　　　B．优良水泥

C．合格水泥　　　D．不合格水泥

E．废品

6．根据水泥试验评定标准，下列指标中，
不符合标准规定时可评定水泥为废品的
有（　　）。

A．氧化镁含量　　B．三氧化硫含量

C．初凝时间　　　D．胶砂强度

E．安定性

7．关于水泥检验的说法，正确的有（　　）。

A．合格水泥的各项技术指标均达到标
准要求

B．细度不符合标准规定的为不合格水泥

C．强度达不到该强度等级的为不合格
水泥

D．初凝时间不符合标准规定的为不合
格水泥

E．终凝时间不符合标准要求的水泥为
废品

8．运抵工地（场）的水泥，应按批对同厂
家、同批号、同品种、同强度等级、同
出厂日期的水泥进行（　　）等项目的
检验。

A．强度　　　　　B．氧化镁含量

C．细度　　　　　D．凝结时间

E．安定性

1C412020　混凝土外加剂及矿物掺合料的分类及作用

复习要点

1. 外加剂的分类及作用
2. 矿物掺合料的分类及作用

一　单项选择题

1. 下列混凝土外加剂中，可以改善拌和物和易性的是（　　）。
   - A. 减水剂
   - B. 速凝剂
   - C. 防水剂
   - D. 缓凝剂

2. 混凝土的（　　）指标应根据结构设计的使用年限、所处的环境类别及作用等级确定。
   - A. 耐久性
   - B. 耐蚀性
   - C. 耐磨性
   - D. 抗裂性

3. 混凝土外加剂粘结剂的主要作用是（　　）。
   - A. 改善拌和物和易性
   - B. 提高混凝土耐久性
   - C. 改善物理和力学性能
   - D. 调节凝结或硬化速度

二　多项选择题

1. 混凝土的耐久性指标应根据（　　）确定。
   - A. 结构设计使用年限
   - B. 水泥用量
   - C. 所处环境类别
   - D. 作用等级
   - E. 拌和设备

2. 下列矿物质中，可作为高性能混凝土矿物外加剂（掺合料）的有（　　）。
   - A. 磨细矿渣
   - B. 石灰
   - C. 粉煤灰
   - D. 硅灰
   - E. 磨细天然沸石

3. 混凝土外加剂引气剂的主要作用有（　　）。
   - A. 改善拌和物和易性
   - B. 提高混凝土耐久性
   - C. 改善物理和力学性能
   - D. 调节凝结或硬化速度
   - E. 调节混凝土空气含量

1C412030　钢筋使用范围及质量检验评定方法

复习要点

1. 钢筋使用范围
2. 钢筋质量检验评定方法

一、单项选择题

1. 常用的热轧光圆钢筋的屈服强度特征值为 300 级，钢筋牌号是（　　）。
   - A. HPB300
   - B. HRB300
   - C. CRB300
   - D. HRBF300

2. 常用的热轧带肋钢筋分为普通热轧带肋钢筋和细晶粒热轧带肋钢筋。下列属于细晶粒热轧带肋钢筋牌号的是（　　）。
   - A. HRB400
   - B. HRB500
   - C. HRB400E
   - D. HRBF500

3. 冷轧带肋钢筋按延性高低分为冷轧带肋钢筋和高延性冷轧带肋钢筋两类。下列钢筋牌号中，只能用于普通钢筋混凝土的是（　　）。
   - A. CRB650
   - B. CRB600H
   - C. CRB800
   - D. CRB680H

4. 下列钢筋牌号既可作为普通钢筋混凝土使用，也可作为预应力混凝土使用的是（　　）。
   - A. CRB550
   - B. CRB650
   - C. CRB680H
   - D. CRB600H

5. 余热处理钢筋严禁用于铁路（　　）内。
   - A. 路基
   - B. 桥梁
   - C. 涵洞
   - D. 隧道

6. 钢筋工程施工中，预制构件的吊环必须采用（　　）制作。
   - A. 经冷拉处理的热轧光圆钢筋
   - B. 经冷拉处理的热轧带肋钢筋
   - C. 未经冷拉处理的热轧光圆钢筋
   - D. 未经冷拉处理的热轧带肋钢筋

7. 钢筋应按批进行检查和验收，每批由同一牌号、同一炉罐号、同一尺寸的钢筋组成。每批重量通常不大于（　　）t。
   - A. 20
   - B. 30
   - C. 40
   - D. 60

8. 钢筋原材料进场检验项目中，热轧圆盘条、热轧光圆钢筋、热轧带肋钢筋、余热处理钢筋等的检验项目有外观检查、（　　）、屈服点、伸长率、冷弯试验。
   - A. 反复弯曲
   - B. 松弛性能
   - C. 抗拉强度
   - D. 疲劳测试

9. 钢筋原材料质量评定方法中：热轧圆盘条、热轧光圆钢筋、热轧带肋钢筋和余热处理钢筋。从每批钢筋中任选两根钢筋，每根取两个试样分别进行拉伸试验（包括屈服点、抗拉强度和伸长率）和冷弯试验。如有一项试验结果不符合要求时，应从同一批中另取（ ）倍数量的试样重做各项试验。如仍有（ ）个试样不合格时，则该批钢筋为不合格品。

A. 1，1   B. 2，1

C. 1，2   D. 2，2

10. 钢筋等原材料复试应符合有关规范要求，且见证取样数必须≥总试验数的（ ）。

A. 10%   B. 20%

C. 30%   D. 40%

三 多项选择题

1. 下列钢筋牌号中，属于普通热轧带肋钢筋的有（ ）。

A. HRB400   B. HRBF400

C. HRB500   D. HRBF500

E. HRB600

2. 下列钢筋牌号中，属于细晶粒热轧带肋钢筋的有（ ）。

A. HRB400   B. HRBF400

C. HRB500   D. HRBF500

E. HRB600

3. 冷轧带肋钢筋分为 CRB550、CRB650、CRB800、CRB600H、CRB680H、CRB800H 六个牌号。下列钢筋牌号中，可用于普通钢筋混凝土使用的有（ ）。

A. CRB550   B. CRB600H

C. CRB650   D. CRB800H

E. CRB800

4. 冷轧带肋钢筋分为 CRB550、CRB650、CRB800、CRB600H、CRB680H、CRB800H 六个牌号。下列钢筋牌号中，可用于预应力混凝土使用的有（ ）。

A. CRB550   B. CRB600H

C. CRB650   D. CRB800H

E. CRB800

5. 常用建筑钢材主要有（ ）。

A. 钢筋   B. 钢绞线

C. 钢板   D. 工字钢

E. 角钢

6. 热轧圆盘条、热轧光圆钢筋、热轧带肋钢筋和余热处理钢筋的钢筋原材料进场检验中，钢筋表面不得有（ ），表面的凸块和其他缺陷的深度和高度不得大于所在部位尺寸的允许偏差（带肋钢筋为横肋的高度）。

A. 浮锈   B. 裂纹

C. 结疤   D. 折叠

E. 油污

7. 针对热轧圆盘条、热轧光圆钢筋、热轧带肋钢筋和余热处理钢筋的质量评定方法，（ ）项目中，当有一个项目不合格时，取双倍数量对该项目复检，当仍有 1 根不合格时，则该批钢筋应判为不合格。

A．抗拉强度 B．屈服点

C．最大负荷 D．伸长率

E．冷弯试验

8．关于钢筋使用的说法，正确的有（ ）。

A．热轧光圆钢筋可用于普通钢筋混凝土结构

B．热轧带肋钢筋一般用于预应力混凝土结构

C．预制构件吊环可用经冷拉的热轧光圆钢筋

D．余热处理钢筋严禁用于铁路桥梁内

E．热处理钢筋可用作焊接和点焊钢筋

9．钢筋原材料进场检验项目中，热轧圆盘条、热轧光圆钢筋、热轧带肋钢筋、余热处理钢筋的检验项目有（ ）。

A．外观检查 B．抗拉强度

C．重量测定 D．抗压强度

E．化学成分测定

10．钢筋质量检验时，若伸长率、（ ）和冷弯试验中有一个项目不合格，应取双倍数量对该项目复检。

A．弹性模量 B．抗剪强度

C．屈服强度 D．抗拉强度

E．剪切模量

1C412040 混凝土配合比确定程序及无损检测方法

 复习要点

1．混凝土配合比确定程序

2．混凝土结构构件无损检测方法

一 单项选择题

1．混凝土水灰比应根据施工现场的水泥、砂、石等原材料质量，由（ ）确定。

A．理论配制强度 B．设计配制强度

C．施工配制强度 D．实际配制强度

2．下列混凝土无损检测方法中，主要用于隧道衬砌厚度检测的是（ ）。

A．回弹法 B．拔出法

C．钻芯法 D．地质雷达法

3．混凝土施工前，应根据施工现场砂石的（ ），将理论配合比换算成施工配合比，并应有施工配料单。

A．强度 B．级配

C．含水率 D．含泥量

4．结构混凝土地质雷达法具有的特点是（ ）。

A．简单方便，但离散性较大

B．操作复杂，对结构有破坏

C．检测快速，可以检测厚度

D．操作简便，适用基桩检测

5．具有检测结果直观准确，可检测强度与厚度，但操作复杂，对混凝土有轻微破坏特点的结构混凝土检测方法是（   ）。

A．超声法　　　B．回弹法

C．地质雷达法　D．钻芯法

6．当混凝土强度等级为 C20～C40，生产单位为预制混凝土构件场，此时计算配制强度时采用的混凝土强度标准差 σ 为（   ）MPa。

A．3.0　　　　B．3.5

C．4.0　　　　D．5.0

7．在现场施工时，混凝土的理论配合比要根据（   ）调整后，成为施工配合比。

A．理论配制的水灰比

B．粗细骨料的含水率

C．搅拌机的拌和时间

D．每平方米的水泥用量

二 多项选择题

1．混凝土配合比的确定程序中包括（   ）。

A．混凝土理论配合比的确定

B．混凝土和易性的确定

C．混凝土施工强度的确定

D．混凝土砂率的确定

E．混凝土施工配合比的确定

2．下列结构混凝土强度检测方法中，测试结果离散性较大的检测方法包括（   ）。

A．超声法　　　B．回弹法

C．拔出法　　　D．钻芯法

E．地质雷达法

3．钻芯法检测的特点有（   ）。

A．检测结果直观准确

B．可检测强度与厚度

C．检测快速

D．操作复杂

E．对混凝土有轻微破坏

4．下列情形中，需要结构混凝土进行无损检测的有（   ）。

A．标准试件的数量不足

B．试件质量缺乏代表性

C．试件养护条件不达标

D．对试件抗压强度测试结果有怀疑

E．试件的抗压试验不符合标准规定

5．混凝土的和易性是指（   ）。

A．流动性　　　B．抗冻性

C．黏聚性　　　D．抗渗性

E．保水性

6．混凝土配合比关键在于确定（   ）。

A．水灰比　　　B．水泥的用量

C．水泥浆的用量　D．单方用水量

E．含砂率

1C412050　混凝土质量评定方法

复习要点

1. 影响混凝土质量的因素
2. 混凝土强度等级评定方法
3. 混凝土耐久性

一　单项选择题

1. 新拌混凝土的质量主要包括（　　）。
   - A. 混凝土的凝结时间和混凝土的和易性
   - B. 混凝土的凝结时间和混凝土的抗冻性
   - C. 混凝土的搅拌时间和混凝土的流动性
   - D. 混凝土的初凝时间和混凝土的终凝时间

2. 混凝土的和易性主要包括流动性、黏聚性、（　　）。
   - A. 保水性
   - B. 水硬性
   - C. 水密性
   - D. 离散性

3. 混凝土流动性的主要影响因素是混凝土的（　　）。
   - A. 单方用水量
   - B. 搅拌时间
   - C. 运输距离
   - D. 粗细骨料级配

4. 混凝土黏聚性的主要影响因素是混凝土的（　　）。
   - A. 水泥品种
   - B. 单方用水量
   - C. 搅拌时间
   - D. 含砂率（灰砂比）

5. 混凝土保水性的主要影响因素是混凝土的（　　）。
   - A. 单方用水量

   - B. 运输距离
   - C. 水泥品种、用量与细度
   - D. 灰砂比

6. 混凝土离析的主要影响因素是混凝土的（　　）。
   - A. 混凝土单方用水量
   - B. 粗细骨料的级配
   - C. 水泥品种及外加剂的种类
   - D. 混凝土含砂率（灰砂比）

7. 混凝土抗压强度以边长为（　　）mm 的立方体试件为标准试件。
   - A. 70
   - B. 100
   - C. 150
   - D. 200

8. 当混凝土生产不连续，且一个验收批试件不足（　　）组时，采用小样本方法评定混凝土等级。
   - A. 5
   - B. 10
   - C. 15
   - D. 20

9. 当混凝土生产条件能在较长时间内保持一致，且同一品种混凝土强度变异性能保持稳定时，可采用（　　）评定。

A. 加权平均法　　B. 标准差已知方法

C. 算术平均法　　D. 专家评估方法

10. 当混凝土生产条件在较长时间内不能保持一致，且同一品种混凝土强度变异性能不能保持稳定，或在前一个检验期内的同一品种混凝土没有足够的数据用以确定验收批混凝土立方体抗压强度的标准差时，应由不少于（　　）的试件组成一个验收批，采用标准差未知的统计方法评定。

A. 3 组　　　　　B. 6 组

C. 10 组　　　　D. 8 组

11. 当用于评定的样本容量小于 10 组时，可采用（　　）评定混凝土强度。

A. 加权平均法

B. 标准差已知的统计方法

C. 小样本方法

D. 专家评估方法

12. 混凝土硬化过程中，在一定范围内（　　），混凝土强度越高。

A. 养护温度越高

B. 砂子粒径越大

C. 骨料弹性模量越大

D. 水灰比越小

二 多项选择题

1. 影响混凝土凝结时间的主要因素有（　　）。

A. 水泥品种　　B. 单方用水量

C. 外加剂的种类　D. 含砂率

E. 水灰比

2. 影响混凝土保水性的主要因素是混凝土的（　　）。

A. 单方用水量　B. 运输方法

C. 水泥品种　　D. 水泥用量

E. 水泥细度

3. 混凝土强度等级评定方法中，统计方法评定包括（　　）。

A. 标准差已知　B. 标准差未知

C. 离散性已知　D. 离散性未知

E. 期望值已知

4. 混凝土试件应在混凝土浇筑地点随机抽取。关于取样频率的说法，正确的

有（　　）。

A. 每一工作班浇筑 100m³ 同配合比的混凝土，取样不应少于 1 组

B. 每一工作班浇筑 100m³ 同配合比的混凝土，取样不应少于 3 组

C. 每一工作班浇筑的同配合比混凝土不足 100m³ 时，取样不应少于 1 组

D. 每一工作班浇筑的同配合比混凝土不足 100m³ 时，取样不应少于 3 组

E. 每组 3 个混凝土试件应由同一车的混凝土中取样制作

5. 关于硬化混凝土质量的说法，正确的有（　　）。

A. 在一定范围内，水灰比越大，混凝土强度越高

B. 水泥用量越大，混凝土收缩与徐变越大

C．混凝土水灰比越大，硬化混凝土的抗渗性能越大

D．引入一定数量的均匀细小气孔可以提高混凝土的抗冻性

E．水泥中 C_3A 含量越高，混凝土的抗硫酸盐侵蚀性能越差

6．关于硬化混凝土的干缩与徐变的说法，正确的有（　　）。

A．主要受水泥的品种与水泥用量的影响

B．水泥强度发展越快，混凝土早期强度越高，混凝土徐变越大

C．水泥强度发展越快，混凝土早期强度越高，混凝土徐变越小

D．水泥用量越大，混凝土收缩与徐变越大

E．水泥用量越大，混凝土收缩与徐变越小

 参 考 答 案

【1C412010 参考答案】

一、单项选择题

1	2	3	4	5	6
B	C	B	D	C	C
7	8				
A	D				

二、多项选择题

1	2	3	4
B、C、D	A、D、E	B、C、D、E	B、D、E
5	6	7	8
C、D、E	A、B、C、E	A、B、C	A、C、D、E

【1C412020 参考答案】

一、单项选择题

1	2	3		
A	A	C		

二、多项选择题

1	2	3	
A、C、D	A、C、D、E	A、B、C、E	

【1C412030 参考答案】

一、单项选择题

1	2	3	4	5	6
A	D	B	C	B	C
7	8	9	10		
D	C	B	C		

二、多项选择题

1	2	3	4
A、C、E	B、D	A、B	C、D、E
5	6	7	8
A、C、D、E	B、C、D、E	A、B、D、E	A、B、D
9	10		
A、B	C、D		

【1C412040 参考答案】　　　　　　　　　　【1C412050 参考答案】

一、单项选择题

1	2	3	4	5	6
C	D	C	C	D	C
7					
B					

一、单项选择题

1	2	3	4	5	6
A	A	A	D	C	B
7	8	9	10	11	12
C	B	B	C	C	D

二、多项选择题

1	2	3	4
A、E	B、C	A、B、D、E	A、B、D、E
5	6		
A、C、E	A、D、E		

二、多项选择题

1	2	3	4
A、C、E	C、D、E	A、B	A、C、E
5	6		
B、D、E	A、C、D		

1C413000　铁路路基工程

1C413010　铁路路堑施工方法及要求

1C413000
扫一扫
看本章精讲课
配套章节自测

复习要点

1. 路堑施工方法
2. 路堑施工要求

一 单项选择题

1. 路堑开挖应该遵循（　　）的顺序，严禁掏底开挖。
   A. 从左至右　　　　B. 从右至左
   C. 从下而上　　　　D. 从上而下

2. 平缓地面上短而浅的路堑，施工时宜选择（　　）开挖方式开挖路堑。

　　A. 全断面　　　　B. 横向台阶

　　C. 逐层顺坡　　　D. 纵向台阶

3. 土质路堑，施工时宜选择（　　）开挖方式开挖路堑。

　　A. 全断面　　　　B. 横向台阶

　　C. 逐层顺坡　　　D. 纵向台阶

4. 石质路堑开挖严禁使用（　　）。

　　A. 光面爆破　　　B. 预裂爆破

　　C. 深孔爆破　　　D. 洞室爆破

5. 在岩石的走向、倾斜不利于边坡稳定及施工安全的地带，路堑应该（　　），并采取（　　）的措施。

　　A. 顺层开挖　加强施工振动

　　B. 顺层开挖　减弱施工振动

　　C. 跳层开挖　加强施工振动

　　D. 跳层开挖　减弱施工振动

6. 不易风化硬质岩石基床，应将表面做成向两侧4%的排水坡，做到表面平顺，肩棱整齐，对开挖不平处宜采用（　　）补齐。

　　A. 干砌片石　　　B. 浆砌片石

C. C15 混凝土　　　D. C25 混凝土

7. 针对膨胀土路堑施工原则，以下说法正确的是（　　）。

　　A. 宜在雨季施工

　　B. 宜采用跳槽开挖

　　C. 支挡和防护施工不能紧跟时，边坡应预留不小于0.2m的保护层

　　D. 施工中边坡有渗水时应采取封闭处理措施

8. 膨胀土路堑施工，当砌筑不能紧跟开挖时，开挖的边坡应暂留厚度不小于（　　）的保护层。

　　A. 0.3m　　　　　B. 0.4m

　　C. 0.5m　　　　　D. 0.8m

9. 下列开挖方法中，适用于土、石质傍山路堑开挖方法的是（　　）。

　　A. 全断面开挖　　B. 横向台阶开挖

　　C. 逐层顺坡开挖　D. 纵向台阶开挖

10. 某土质路堑长度达1.0km，两端均为路堤，最合适的施工机械是（　　）。

　　A. 推土机　　　　B. 自行式铲运机

　　C. 挖掘机　　　　D. 装载机

二 多项选择题

1. 关于路堑开挖的说法，正确的有（　　）。

　　A. 开挖应当从上至下进行，严禁掏底开挖

　　B. 不稳定的土质路堑边坡应采取分层加固

　　C. 岩石走向不利边坡稳定应减弱施工振动

　　D. 微风化硬岩必须采用挖机开挖

　　E. 弱风化岩石应当采用人工开挖

2. 位于岩石的走向、倾斜不利于边坡稳定及施工安全且设有支挡结构的地段，应

采取的开挖方式有（　　）。

  A．短开挖　　　B．马口开挖

  C．顺坡开挖　　D．台阶开挖

  E．横向开挖

3．关于土质路堑纵向台阶开挖施工的说法，正确的有（　　）。

  A．采用适当的钻爆机具施工

  B．边坡较高时，宜分级开挖

  C．路堑较长时适当开设马口

  D．高边坡路堑坡脚采取预加固措施

  E．施工中应有可靠的安全防护措施

4．路堑开挖可按地形情况、岩层产状、断面形状、路堑长度及施工季节，并结合施工组织设计安排的土石方调配方案选用（　　）。

  A．全断面开挖　　B．横向台阶开挖

  C．逐层顺坡开挖　D．纵向台阶开挖

  E．横纵台阶联合开挖

5．路堑开挖施工前需开展的准备工作有（　　）等。

  A．核实土石方调运计划

  B．按规定进行现场清理

  C．控制开挖含水量

  D．检查坡顶坡面

  E．加密测量桩橛

6．路堑排水系统的施工要求有（　　）。

  A．施工前应先做好堑顶截、排水

  B．堑顶为土质时天沟应及时铺砌

  C．开挖区段应保持排水系统通畅

  D．排出的水不得损害路基及农田

  E．现场复查施工组织设计可行性

7．膨胀土路堑的施工要求包括（　　）。

  A．开挖施工应当安排在雨期

  B．防护应随时开挖随时砌筑

  C．路堑开挖区域禁止水流入

  D．施工原则是：快速施工、及时封闭、分段完成

  E．当砌筑滞后时边坡应暂留不小于0.5m保护层

8．路堑的基本结构包括（　　）。

  A．路堑基床底层　B．路堑基床表层

  C．路堑排水系统　D．路堑边坡

  E．路堑道床

9．路堑开挖遇到（　　）情况时，应及时向设计单位反映。

  A．设计边坡岩层构造与实际明显不符

  B．由于自然灾害危及堑底或边坡稳定

  C．采用新的施工方法需改变边坡坡度

  D．需改变支挡、防护结构及排水设施

  E．开挖边坡的厚度误差在15cm以内

1C413020　铁路路堤施工方法及要求

 复习要点

1．路堤施工方法

2．路堤施工要求

1. 设计速度 200km/h 以下的有砟轨道铁路基床以下路堤采用（ ）填料时应进行改良或采取加固措施。

   A. A 组　　　　　　B. B 组

   C. C 组　　　　　　D. D 组

2. 重载铁路、设计速度 200km/h 以下的有砟轨道铁路基床以下路堤填料最大粒径不应大于摊铺厚度的（ ）且不应大于（ ）mm。

   A. 1/3，300　　　　B. 2/3，300

   C. 1/3，500　　　　D. 2/3，500

3. 下列填料中，可以用于设计速度 200km/h 客货共线铁路基床表层填料的是（ ）。

   A. A1 组填料　　　B. 砾石类填料

   C. 级配碎石　　　　D. 砂类土填料

4. 路基填筑砂类土和改良细粒土填料每层的最大压实厚度不宜大于（ ）cm，分层填筑的最小分层厚度不应小于（ ）cm。

   A. 20，10　　　　　B. 30，10

   C. 20，15　　　　　D. 30，15

5. 改良土填筑工艺试验宜选用（ ），改良土的含水率应控制在最优含水率（ ）范围内。

   A. 重型振动压路机，2%

   B. 重型振动压路机，3%

   C. 轻型振动压路机，2%

   D. 轻型振动压路机，3%

6. 基床以下路堤填筑施工工艺是（ ）。

   A. 两阶段、四区段、六流程

   B. 两阶段、四区段、八流程

   C. 三阶段、四区段、六流程

   D. 三阶段、四区段、八流程

7. 基床以下路堤填筑施工的四区段是指（ ）。

   A. 填土区段、平整区段、碾压区段和检测区段

   B. 准备区段、平整区段、碾压区段和验收区段

   C. 填土区段、整修区段、压实区段和检测区段

   D. 准备区段、整修区段、压实区段和验收区段

8. 基床以下路堤填筑施工的八流程为（ ）、摊铺平整、洒水晾晒、碾压夯实、检测签证和路基修整。

   A. 施工测量、地基处理、分层填筑

   B. 施工准备、基底处理、分层填筑

   C. 施工测量、边坡整理、分层填土

   D. 施工准备、边坡整理、分层填土

9. 下列项目中，路堤碾压区段交接处重叠压实长度不应小于 2m 的是（ ）。

   A. 上下填筑接头

   B. 纵向行与行之间重叠

   C. 纵向搭接长度

   D. 横向同层接头处重叠

10. 路基填筑，当渗水土填在非渗水土上时，非渗水土顶层面应向两侧设置（ ）的横向排水坡。

    A. 3%　　　　　　B. 4%

    C. 5%　　　　　　D. 6%

11. 下列项目中，属于基床以下路基填筑碾压顺序和操作程序的是（ ）。

A．先中间后两侧，先弱振后静压、再强振

B．先中间后两侧，先静压后弱振、再强振

C．先两侧后中间，先弱振后静压、再强振

D．先两侧后中间，先静压后弱振、再强振

12．过渡段掺水泥级配碎石混合料宜在（　　）h 内填筑压实完毕。

A．2　　　　　B．3

C．4　　　　　D．5

1．铁路路堤的构造自下至上一般为（　　）。

A．地基以下　　B．地基

C．基床以下路堤　D．基床底层

E．基床表层

2．下列填料中，属于重载铁路和设计速度 200km/h 及以下的有砟轨道铁路基床以下路堤填料的有（　　）。

A．A 组填料　　B．B 组填料

C．C 组填料　　D．D 组填料

E．化学改良土

3．基床表层填料确定依据包括（　　）。

A．铁路等级　　B．施工方法

C．设计速度　　D．机械型号

E．轨道类型

4．级配碎石填筑工艺试验应确定的指标包括（　　）。

A．生产用配合比　B．相应碾压遍数

C．施工组织方式　D．施工延迟时间

E．机械配套方案

5．路基填筑的"三阶段"是指（　　）。

A．检测阶段　　B．准备阶段

C．施工阶段　　D．填土阶段

E．整修验收阶段

6．关于基床表层填筑要求的说法，正确的有（　　）。

A．基床表层级配碎石宜采用拌和站场拌法生产

B．拌和场内不同粒径的碎石等集料应分类堆放

C．基床表层级配碎石的摊铺可采用推土机进行

D．碾压作业采用先静压、后弱振、再振动方式

E．严禁机械在已完成或正在碾压的路基上调头

7．属于基床表层级配碎石填筑工艺"四区段"的是（　　）。

A．摊铺区段　　B．填筑区段

C．平整区段　　D．碾压区段

E．检测区段

8．基床表层级配碎石填筑工艺流程包括（　　）。

A．拌和运输　　B．分层摊铺

C．填料平整　　D．洒水晾晒

E．整修养生

1C413030　铁路地基处理方法及施工要求

◆ 复习要点

1. 地基处理方法
2. 地基处理施工要求

一　单项选择题

1. 碎石垫层应采用级配良好且不易风化的砾石或碎石，其最大粒径不应大于（　　）mm，细粒含量不应大于（　　），且不含草根、垃圾等杂质。
   - A. 50，15%
   - B. 50，10%
   - C. 75，15%
   - D. 75，10%

2. 砂垫层应采用中、粗砂或砾砂，不含草根、垃圾等杂质，含泥量不应大于（　　）；用作排水固结时，含泥量不应大于（　　）。
   - A. 8%，6%
   - B. 7%，5%
   - C. 6%，4%
   - D. 5%，3%

3. 下列施工顺序中，属于振动碾压施工顺序的是（　　）。
   - A. 弱振→静压→强振→静压→弱振
   - B. 弱振→强振→静压→强振→弱振
   - C. 静压→弱振→强振→弱振→静压
   - D. 静压→强振→弱振→强振→静压

4. 振动碾压应控制碾压速度，正确的施工顺序是（　　）。
   - A. 由地基处理两侧向中心碾压
   - B. 自边坡坡脚一侧顺时针碾压

   - C. 以振动面中心为轴转圈碾压
   - D. 自边坡坡脚一侧逆时针碾压

5. 相邻两段冲击碾压搭接长度不宜小于（　　）m，振动碾压搭接长度不宜小于（　　）。
   - A. 20，5
   - B. 20，10
   - C. 15，5
   - D. 15，10

6. 强夯置换施打顺序宜（　　），逐一完成全部夯点的施工。
   - A. 由外向内，隔孔分序跳打
   - B. 由内向外，隔孔分序跳打
   - C. 由外向内，依次顺序施打
   - D. 由内向外，依次顺序施打

7. 真空预压密封膜铺设时要适当放松，表面不应损坏。膜与膜之间应采用（　　）粘接，加工的搭接长度不应小于15mm。
   - A. 热粘法
   - B. 冷粘法
   - C. 搭接法
   - D. 缝合法

8. 堆载预压卸载时间应根据观测资料和工后沉降推算结果，由（　　）组织进行卸载评估，评估通过后方可卸载。
   - A. 设计单位
   - B. 监理单位

C. 建设单位　　　D. 评估单位

9. 挤密桩所用土的质量应符合设计要求，且有机质含量不应大于（　　），土块粒径不应大于（　　）mm，不应含有杂土、冻土或膨胀土及砖、瓦和石块等。

　A. 8%，15　　　　B. 8%，20

　C. 5%，15　　　　D. 5%，20

10. 粉体喷射搅拌桩成桩过程中，应保证边喷粉、边提升连续作业。因故缺粉或停工时，第二次喷粉应重叠接桩，接桩重叠最小长度为（　　）m。

　A. 0.5　　　　　　B. 1.0

　C. 1.5　　　　　　D. 2.0

11. 浆体喷射搅拌桩施工应确保喷浆连续均匀。因故停浆继续施工时必须重叠接桩，接桩长度最小为（　　）m。

　A. 0.5　　　　　　B. 1.0

　C. 1.5　　　　　　D. 2.0

12. 岩溶处理注浆结束 28d 后应按设计要求进行试验，检查是否有充填结实体，检测充填率、结实体强度。采用的试验方法是（　　）。

　A. 以超声回弹方法为主，辅以综合物探、注水或灌浆试验

　B. 以超声回弹方法为主，辅以钻孔取芯、注水或灌浆试验

　C. 以钻孔取芯方法为主，辅以综合物探、注水或灌浆试验

　D. 以综合物探方法为主，辅以钻孔取芯、注水或灌浆试验

二 多项选择题

1. 铁路工程地基处理的方法有（　　）。

　A. 碎石垫层　　　B. 砌筑块石

　C. 振动碾压　　　D. 真空预压

　E. 强夯置换

2. 关于施工工艺要求的说法，符合换填施工的有（　　）。

　A. 挖开后坑底应按设计要求整平并碾压密实

　B. 采用机械挖除时应预留保护层由人工清理

　C. 开挖后底部起伏较大时宜设置台阶或缓坡

　D. 底部起伏部位按先浅后深的顺序进行换填

　E. 换填部位开挖完成后应及时分层填筑碾压

3. 冲击（振动）碾压施工前应选取代表性场地进行工艺性试验，需要确定的工艺参数有（　　）。

　A. 走行路线　　　B. 压实能力

　C. 走行速度　　　D. 碾压厚度

　E. 碾压遍数

4. 关于袋装砂井施工工艺的说法，符合规定的有（　　）。

　A. 袋装砂井打设机具按设计桩位就位

　B. 用振动贯入法将成孔套管沉入土中

　C. 连续缓慢提升套管，直至拔离地面

　D. 成孔套管的内径宜略小于砂井直径

E．连续两次将砂袋带出时应停止施工

5．关于塑料排水板施工工艺的说法，符合规定的有（　　）。

A．塑料排水板插设机具应按设计桩位就位

B．沉入导管将塑料排水板插入至设计深度

C．塑料排水板打设长度不够时应接长使用

D．拔导管带出淤泥应及时清除并用砂回填

E．塑料排水板打入深度应当符合设计要求

6．关于砂（碎石）桩施工的说法，正确的有（　　）。

A．选用活瓣桩靴时砂性土地基宜采用平底型

B．碎石桩施工结束后，应立即进行质量检验

C．砂桩软弱黏性土地基宜从中间向外围施工

D．碎石桩砂性土地基应当从外围向中间进行

E．砂（碎石）桩完成后应进行桩身质量检验

7．挤密桩施工前应进行成桩工艺性试验，水泥土桩应确定的工艺参数有（　　）。

A．夯击遍数　　　　B．走行路线

C．分层厚度　　　　D．走行速度

E．最优含水率

8．关于挤密桩施工的说法，正确的有（　　）。

A．整片处理施工时成桩施工宜从外向中间

B．局部处理时宜由内向外同排间隔2～3孔

C．地基土含水率宜接近最优含水率或塑限

D．增湿处理应当在地基处理前4～6d完成

E．回填填料应分层夯击密实，不宜隔日施工

9．关于柱锤冲扩桩施工的说法，正确的有（　　）。

A．柱锤冲扩桩施工前应该进行成桩工艺性试验

B．柱锤冲扩桩成孔机械应当根据地质条件选择

C．成孔和填料夯实的施工顺序宜采用连续施打

D．柱锤长度不够时，可先填部分土再进行冲扩

E．冲击难以成孔时可采用填料冲击成孔等方法

10．关于长螺旋钻管内泵压混合料灌注施工工艺的说法，正确的有（　　）。

A．调整钻机钻杆垂直地面并对准桩位中心

B．钻进时先快后慢，钻至设计深度并停钻

C．泵送混合料芯管充满混合料后开始拔管

D．水泥粉煤灰碎石混合料应用搅拌机拌和

E．严格控制钻机钻杆（或沉管）的垂直度

1C413040　铁路路基支挡结构及施工要求

■ 复习要点

1. 路基支挡结构
2. 路基支挡结构施工要求

一 单项选择题

1. 地基承载力较高，墙高大于（　　）m，小于等于（　　）m 的挡墙可采用短卸荷板式挡土墙。
   A. 6，12　　　　　　B. 8，12
   C. 10，14　　　　　D. 12，14

2. 短卸荷板式挡土墙由上墙、下墙和卸荷板组成，上墙与下墙高度比宜为（　　），墙身可采用混凝土或钢筋混凝土。
   A. 1：1　　　　　　B. 2：1
   C. 1：6　　　　　　D. 4：6

3. 短卸荷板宜采用现浇法施工，卸荷板与上墙墙体的接触面间应按设计要求插入连接钢筋。采用预制时，应在板上预留竖直连接筋插入孔，预制板应达到设计强度的（　　）后方可吊运安装。
   A. 50%　　　　　　B. 75%
   C. 90%　　　　　　D. 100%

4. 悬臂式挡土墙和扶壁式挡土墙应采用（　　）结构。
   A. 干砌片石　　　　B. 浆砌片石
   C. 素混凝土　　　　D. 钢筋混凝土

5. 扶壁式挡土墙高度不宜大于（　　）。
   A. 12m　　　　　　B. 10m
   C. 8m　　　　　　D. 6m

6. 关于悬臂式和扶壁式挡土墙施工的说法，正确的是（　　）。
   A. 每段墙的底板、面板和肋的钢筋应一次绑扎
   B. 混凝土可分次完成浇筑并设置水平施工缝
   C. 墙体必须达到设计强度的 90% 以上方可进行墙背填土
   D. 距墙身 1m 范围以内的部位，应采用小型振动压实设备压实

7. 锚杆挡土墙宜设置成单级或两级。在岩层中每级墙高度不宜大于（　　）m。
   A. 10　　　　　　　B. 15
   C. 18　　　　　　　D. 22

8. 加筋土挡土墙适用于一般地区和地震地区，可设置于路肩或路堤边坡，单级墙高不宜大于（　　）。
   A. 4m　　　　　　B. 9m
   C. 10m　　　　　D. 11m

9. 下列地段中，不宜采用土钉墙的是（　　）。

A. 一般地区土质地段

B. 地震地区土质地段

C. 破碎软弱岩质地段

D. 松散土质边坡地段

10. 某地区为破碎软弱岩质路堑地段，支挡方式则应优先选择（　　）。

A. 重力式挡土墙

B. 加筋挡土墙

C. 锚杆挡土墙

D. 土钉墙

11. 关于桩墙结构的说法，正确的是（　　）。

A. 适用于一般地区、浸水地区和地震地区

B. 桩悬臂段长度不宜大于 15m，大于15m 时桩上宜设置预应力锚索

C. 桩截面形式宜采用矩形或 T 形，截面短边长度不宜小于 0.75m

D. 桩采用圆形截面时，直径不宜小于 0.5m，桩间距宜为 1m

12. 预应力锚索可用于土质、岩质地层的边坡及地基加固，其锚固段宜置于（　　）。

A. 地基基础内　　B. 稳定岩层内

C. 砌体内　　　　D. 锚固层内

13. 关于预应力锚索施工的说法，正确的是（　　）。

A. 腐蚀环境中宜采用预应力锚索

B. 处于极软岩、风化岩时，宜采用压力集中型锚索

C. 预应力锚索应采用高强度、低松弛的钢绞线制作

D. 钻孔应采用湿钻，钻孔时记录地层变化情况

14. 在一般地区、浸水地区和地震地区的路堑，可选用（　　）。

A. 悬臂式挡土墙　B. 加筋挡土墙

C. 重力式挡土墙　D. 锚杆挡土墙

15. 关于路基支挡结构施工要求的说法，正确的是（　　）。

A. 岩体完整地段修建支挡结构宜在旱季施工

B. 浆砌片石使用石料最小块径应大于10cm

C. 大块片石浆砌可以采用灌浆法施工

D. 支挡结构基坑开挖前应做好截排水设施

![二 多项选择题]

1. 关于重力式挡土墙的说法，正确的有（　　）。

A. 浸水地区和地震地区的路堤和路堑，不宜采用重力式挡土墙

B. 重力式挡土墙墙身材料可采用片石混凝土、混凝土等

C. 路肩地段可选择衡重式挡土墙或墙背为折线形的重力式挡土墙

D. 为使重力式挡土墙不出现病害，宜将排水孔砌成倒坡

E. 路堤和路堑地段可选择墙背为直线的重力式挡土墙

2. 关于短卸荷板式挡土墙施工要求的说法，正确的有（　　）。

A. 适合地基承载力较低地段采用

B. 上墙与下墙高度比例宜为4：6

C. 受力钢筋直径不应小于10mm

D. 墙身采用混凝土或钢筋混凝土

E. 卸荷板制作宜采用就地浇筑

3. 下列施工要求中，适用于锚杆挡土墙的有（　　）。

A. 锚杆挡土墙适用于浸水地区路堤

B. 可以根据地形采用单级或多级

C. 结构形式可分为肋板式、板壁式、格构式等

D. 锚杆挡土墙应自下往上进行施工

E. 安装墙板时应随装板、随做墙背回填

4. 关于锚定板挡土墙的说法，正确的有（　　）。

A. 可用于一般地区土质及破碎软弱岩质路堑地段

B. 根据墙面结构形式可分为肋柱式和无肋柱式

C. 双级锚定板挡土墙上、下两级之间宜设置平台，平台宽度不宜小于2.0m

D. 肋柱式锚定板挡土墙其上、下级墙的肋柱应沿线路方向相互错开

E. 每级肋柱上拉杆层数可设计为双层或多层，必要时也可设计为单层

5. 关于悬臂式和扶壁式挡土墙的说法，正确的有（　　）。

A. 适用于一般地区、浸水地区和地震地区

B. 悬臂式墙高不宜大于8m，扶壁式墙高不宜大于18m

C. 悬臂式挡土墙和扶壁式挡土墙应采用钢筋混凝土结构

D. 每段墙的底板、面板和肋的钢筋应一次绑扎

E. 墙体必须达到设计强度的90%以上方可进行墙背填土

6. 关于路基支挡结构施工要求的叙述，正确的有（　　）。

A. 在岩体破碎、土质松软或有水地段修建支挡结构，可在旱季施工

B. 浆砌片石砌体必须使用坚硬，不易风化的片石，采用灌浆法施工

C. 支挡结构施工前，应在上方做好截、排水及防渗设施

D. 路堑支挡结构顶面应设置4%的向外排水坡

E. 泄水孔设置应符合设计要求，宜按上下左右交错布置

7. 加筋挡土墙的使用范围和要求有（　　）。

A. 加筋挡土墙可在一般地区用作路堤墙

B. 加筋挡土墙单级墙高不宜大于12m

C. 土工合成材料拉筋应妥善保管，严禁暴晒

D. 整体式墙板应待其混凝土强度达到设计强度的75%以上方可进行吊装和运输

E. 挡土墙混凝土条形基础埋置深度应符合设计要求，墙前应设置4%的横向排水坡

8. 关于预应力锚索使用范围和施工要求的说法，正确的有（　　）。

A. 预应力锚索可用于岩质地层边坡及地基加固

B. 预应力锚索应采用高强度低松弛钢绞线制作

C. 预应力锚索施工装索紧后工序是灌浆和封孔

D. 制作承压板时，垫墩顶面要做到平整、坚固

E. 预应力锚固性能试验应按监理单位标准执行

9. 关于桩墙结构的说法，正确的有（   ）。

A. 桩墙结构适用于一般地区、浸水地区和地震地区

B. 桩悬臂段长度不宜大于 15m，大于15m 时桩上宜设置预应力锚索

C. 桩截面形式宜采用矩形或 T 型，截面短边长度不宜小于 1.25m

D. 采用圆形截面时，直径不宜小于1m，桩间距宜为 2～5m

E. 类型包括桩板式挡土墙、桩及桩间重力式挡土墙和桩及桩间土钉墙

10. 在一般地区的路堤和路堑上都能使用的挡土墙类型有（   ）。

A. 重力式挡土墙   B. 加筋挡土墙

C. 桩板式挡土墙   D. 锚杆挡土墙

E. 土钉墙

1C413050　铁路路基坡面防护方式及施工要求

 复习要点

1. 路基坡面防护方式
2. 路基坡面防护施工要求

一 单项选择题

1. 关于植物防护施工的说法，错误的是（   ）。

A. 植物品种、规格、质量应适合当地生长条件

B. 植物种植前应对边坡坡面进行清理整平

C. 种植土壤应满足植物生长条件，必

要时进行改良或换土

D. 植物防护工程适合大风和高温条件下施工

2. 土工网垫客土植生防护施工铺设前应适量洒水湿润边坡，再夯拍一层种植土并整平、洒水；土工网垫顺坡面铺设，铺设时应与坡面密贴，并采用长度不小

于（　　）的 L 形或 U 形钉垂直坡面固定。

A. 5cm　　　　B. 10cm

C. 15cm　　　　D. 20cm

3. 土工网垫客土植生防护施工土工网垫间应搭接不留空隙，搭接宽度不应小于（　　）cm，并应在搭接处每间隔不大于（　　）m 设固定钉。

A. 3, 1　　　　B. 5, 1.5

C. 7, 2　　　　D. 9, 2.5

4. 关于喷混植生防护施工的说法，错误的是（　　）。

A. 喷混植生用土宜选用地表种植土

B. 喷混植生种植基材应采用专用喷射机械施工

C. 喷混植生用锚杆和镀锌钢丝网应采用焊接钢丝网

D. 喷混植生施工前应清除边坡上松散、不稳定岩石并整平

5. 喷混植生施工前应清除边坡上松散、不稳定岩石并整平。对于超、欠挖超过30cm 的部位做法错误的是（　　）。

A. 进行修凿顺接　　B. 干砌片石嵌补

C. 浆砌片石嵌补　　D. 用混凝土嵌补

6. 骨架放样测量前应先布置骨架位置。下列关于骨架位置布置的说法，正确的是（　　）。

A. 路堑应从下到上布置，自坡脚基础顶面开始设置骨架或主、支骨架连接点，依次向上布置

B. 路堑应从上到下布置，自坡脚基础顶面开始设置骨架或主、支骨架连接点，依次向下布置

C. 路堤应从下到上布置，最上一级支骨架顶部距离路肩挡水缘按 0.5～1.0m 布置

D. 路堤应从上到下布置，最上一级支骨架顶部距离路肩挡水缘按 1.5～2.0m 布置

7. 关于骨架防护工程施工的说法，错误的是（　　）。

A. 骨架防护施工应清刷坡面浮土、填补凹坑

B. 骨架放样测量前应先布置骨架位置

C. 骨架浇筑时应先施工骨架节点以外部位

D. 延长排水槽基础可采用混凝土现浇或浆砌片石

8. 喷锚网防护施工，喷射作业应自下而上分层进行，不应漏喷、脱层、网材露出、锚杆露头。喷射混凝土作业（　　）后应进行养护，养护时间宜持续 7～10d。

A. 终凝 1h　　　B. 终凝 2h

C. 初凝 1h　　　D. 初凝 2h

9. 关于边坡防护施工的说法，正确的是（　　）。

A. 护墙应根据地质情况整段一起施工

B. 边坡有局部超挖时，应用松散材料直接回填

C. 同一级挡墙分层浇筑时，水平施工缝处应设置台阶

D. 边坡护墙墙顶设置帽石时，帽石应嵌入垫顶

10. 支撑渗沟排水层宜采用的材料是（　　）。

A. 黏土　　　　B. 中粗砂

C. 卵石　　　　D. 混凝土

11. 抛石垛防护施工：抛石前应做好抛投试验，确定抛投工艺参数。抛投的顺序

是（　　）。

A．先下游后上游、先深后浅、先远后近

B．先上游后下游、先浅后深、先远后近

C．先上游后下游、先深后浅、先远后近

D．先上游后下游、先深后浅、先近后远

12．在设有挡土墙或地下排水设施地段，关

于挡土墙、排水设施及防护工程的施工顺序安排的说法，正确的是（　　）。

A．先做好挡土墙、防护，再做排水设施

B．先做好挡土墙、排水设施，再做防护

C．先做好防护、挡土墙，再做排水设施

D．先做好防护、排水设施，再做挡土墙

二　多项选择题

1．路基边坡防护方式有（　　）。

A．夯填边坡防护　　B．护墙护坡防护

C．客土植生防护　　D．支撑渗沟防护

E．喷混植生防护

2．关于喷混植生防护施工要求的说法，正确的有（　　）。

A．客土植生防护选用草种、灌木种应适合当地生长条件

B．客土植生边坡施工应整体稳定，客土铺填应分层压实

C．采用长度不小于 25cm 的 L 形或 U 形钉垂直坡面固定

D．土工网垫铺设后应及时在网穴内均匀撒播草籽

E．采用喷播植草时，喷投物料应覆盖土工网垫

3．关于客土植生防护施工要求的说法，正确的有（　　）。

A．喷混植生应按设计要求选用草种、灌木种

B．喷混植生用土宜选用地表种植土，不应含有害物质、垃圾等

C．喷混植生种植基材采用专用喷射机械施工

D．喷混植生用镀锌钢丝网应采用焊接钢丝网

E．喷混植生施工前应清除边坡上松散、不稳定岩石并整平

4．关于支撑渗沟防护施工要求的说法，正确的有（　　）。

A．支撑渗沟排水层宜采用卵石、碎石

B．支撑渗沟施工前应整平坡面，并测设支撑渗沟位置

C．支撑渗沟防护施工，沟槽宜采用机械开挖一次到位

D．排水层采用干砌片石时，应分层施工，每层厚度不宜超过 50cm

E．渗沟出口应按设计设置挡墙或浆砌

片石（混凝土）垛

5. 关于抛石垛及石笼防护施工的说法，正确的有（　　）。

A. 抛石垛和石笼防护石料应质地坚硬、无裂纹、不易风化

B. 抛石垛抛投应按先下游后上游、先浅后深、先近后远的顺序进行

C. 金属石笼主要包括网格、框架和绑扎材料，应按设计规格、性能选用

D. 土工合成材料石笼主要包括土工格栅、塑料条带或土工绳网

E. 垒砌石笼时，下端应埋入开挖的脚槽中，上端设固定桩悬挂

1C413060　铁路路基防排水方式及施工要求

 复习要点

1. 路基防排水方式
2. 路基防排水施工要求

一　单项选择题

1. 路堑应于路肩两侧设置（　　）。

A. 天沟　　　　B. 截水沟

C. 侧沟　　　　D. 挡水墙

二　多项选择题

1. 在路基工程防排水设计时，对路基有危害的地下水，应根据（　　），选用适宜的排除地下水设施。

A. 地下水类型

B. 地层分布

C. 含水层埋藏深度

D. 地层的渗透性

E. 对环境的影响

2. 路基防排水设计中，当地下水埋深浅或无固定含水层时，可采用（　　）。

A. 明沟　　　　B. 排水槽

C. 渗水暗沟　　D. 渗井

E. 渗管

3. 路基防排水设计中，当地下水埋深较深或为固定含水层时，可采用（   ）。

　　A. 渗水隧洞　　　B. 排水槽

　　C. 渗水暗沟　　　D. 渗井

　　E. 渗管

4. 关于路基防排水施工要求的说法，正确的有（   ）。

A. 路基工程施工前，应抽干地下水

B. 路基施工中应核对全线排水系统

C. 应先做主体工程随后做好临时防排水设施

D. 施工期各类防排水设施应及时维修和清理

E. 砌体及反滤层材料、设置应符合设计要求

 参 考 答 案

【1C413010　参考答案】

一、单项选择题

1	2	3	4	5	6
D	A	C	D	B	D
7	8	9	10		
B	C	D	B		

二、多项选择题

1	2	3	4
A、B、C	A、B	B、C、D、E	A、B、C、D
5	6	7	8
A、B、D、E	A、B、C、D	B、C、D、E	A、B、C、D
9			
A、B、C、D			

【1C413020　参考答案】

一、单项选择题

1	2	3	4	5	6
D	B	C	B	A	D
7	8	9	10	11	12
A	B	C	B	D	C

二、多项选择题

1	2	3	4
B、C、D、E	A、B、C、E	A、C、E	A、B、C、E
5	6	7	8
B、C、E	A、B、D、E	A、C、D、E	A、B、C、E

【1C413030 参考答案】

一、单项选择题

1	2	3	4	5	6
B	D	C	A	C	B
7	8	9	10	11	12
A	C	C	B	A	D

二、多项选择题

1	2	3	4
A、C、D、E	A、B、C、E	A、C、E	A、B、C、E
5	6	7	8
A、B、D、E	C、D、E	A、C、E	C、D、E
9	10		
A、B、E	A、C、D、E		

【1C413040 参考答案】

一、单项选择题

1	2	3	4	5	6
A	D	B	D	B	A
7	8	9	10	11	12
A	C	D	D	A	B
13	14	15			
C	C	D			

二、多项选择题

1	2	3	4
B、C、E	B、D、E	B、C、E	B、C、D、E
5	6	7	8
A、C、D	C、D、E	A、C、D、E	A、B、D
9	10		
A、C、D、E	A、C		

【1C413050 参考答案】

一、单项选择题

1	2	3	4	5	6
D	C	B	C	B	A
7	8	9	10	11	12
C	B	D	C	C	B

二、多项选择题

1	2	3	4
B、C、D、E	A、B、D、E	A、B、C、E	A、B、E
5			
A、C、D、E			

【1C413060 参考答案】

一、单项选择题

1					
C					

二、多项选择题

1	2	3	4
A、C、D、E	A、B、C	A、D、E	B、D、E

1C414000 铁路桥涵工程

1C414010 铁路桥梁基础施工方法

复习要点

1. 扩大基础施工方法
2. 桩基础施工方法
3. 承台施工方法
4. 沉井基础施工方法

一 单项选择题

1. 沉入桩施工流程中"接桩"工序的前序工作是（   ）。
   A. 桩位放样　　B. 桩架就位
   C. 振动沉桩　　D. 沉桩检验

2. 正循环旋转钻机适用于黏性土、砂类土和（   ）。
   A. 软岩　　　　B. 硬岩
   C. 砾石　　　　D. 卵石

3. 钻孔桩浇筑水下混凝土前，应测量沉渣厚度，柱桩一般不大于（   ），摩擦桩不大于（   ）。
   A. 5cm，20cm　　B. 10cm，30cm
   C. 10cm，20cm　　D. 15cm，40cm

4. 采用振动为主、射水配合沉桩时，桩尖沉至距设计高程（   ）m时，应停止射水并将射水管提高，进行干振直至设计高程。

   A. 1.0　　　　　B. 1.5
   C. 2.0　　　　　D. 2.5

5. 振动沉桩适用于松软的或塑态的黏性土和较松散的砂土中，在（   ）土层中可用射水配合施工。
   A. 黏性土和湿陷性土
   B. 紧密黏性土和砂质土
   C. 砂类土和碎石类土
   D. 碎石类土和卵石类土

6. 垂直开挖的坑壁条件中，对松软土质基坑深度不超过（   ）。
   A. 0.75m　　　　B. 1.50m
   C. 1.75m　　　　D. 2.0m

7. 明挖基础中属于无护壁基坑的开挖方式的是（   ）。
   A. 放坡开挖　　　B. 土围堰
   C. 喷射混凝土　　D. 混凝土围圈

8. 除流砂及呈流塑状态的黏性土外，适用于各类土的开挖防护类型是（　　）。

A. 横、竖挡板支撑

B. 钢（木）框架支撑

C. 喷射混凝土护壁

D. 现浇混凝土护壁

9. 锤击沉桩应考虑锤击振动对新浇混凝土的影响，当距离在（　　）m 范围内的新浇混凝土强度未达到（　　）MPa 时，不得进行锤击沉桩。

A. 20，5　　　　　B. 30，5

C. 20，10　　　　D. 30，10

10. 喷射混凝土护壁适用于（　　）的基坑。

A. 稳定性不好、渗水量少

B. 稳定性不好、渗水量多

C. 稳定性好、渗水量少

D. 稳定性好、渗水量多

11. 混凝土护壁除（　　）外，适用于各类土的开挖防护。

A. 粗砂及砂性土

B. 细砂及黏性土

C. 流砂及砂性土

D. 流砂及呈流塑状态的黏性土

12. 基坑围堰通常分为（　　）。

A. 土围堰、塑料围堰和木板围堰

B. 土围堰、塑料围堰和塑料板围堰

C. 土围堰、土袋围堰和沉井围堰

D. 土围堰、土袋围堰和钢板桩围堰

13. 土袋围堰适用于水深（　　）的土。

A. 不大于 2m、流速小于 1.5m/s、河床为渗水性较大

B. 不大于 2m、流速小于 1.8m/s、河床为渗水性较大

C. 不大于 3m、流速小于 1.5m/s、河床为渗水性较小

D. 不大于 3m、流速小于 1.8m/s、河床为渗水性较小

14. 钢板桩围堰的施工程序是（　　）。

A. 围图的设置→围图的安装→钢板桩整理→钢板桩的插打和合龙

B. 围图的设置→钢板桩整理→围图安装→钢板桩的插打和合龙

C. 钢板桩整理→钢板桩插打→围图设置→围图的安装和合龙

D. 钢板桩整理→围图的设置→围图安装→钢板桩的插打和合龙

15. 处理基坑基底时，黏性土层基底修整应在天然状态下铲平，不得用回填土夯平。必要时，可向基底回填（　　）以上厚度的碎石，碎石层顶面不得高于基底设计高程。

A. 5cm　　　　　B. 10cm

C. 15cm　　　　D. 20cm

16. 沉桩施工中，桩架就位后进行的工序是（　　）。

A. 桩位放样　　　B. 运吊插桩

C. 振动沉桩　　　D. 沉桩检验

17. 关于锤击沉桩施工的说法，错误的是（　　）。

A. 锤击沉桩开始时，应用较低落距

B. 锤击施工坠锤落距不宜大于 2m

C. 采用单打汽锤落距不宜大于 2m

D. 每击贯入度不大于 2mm 时停锤

18. 沉入桩静力压桩适用于（　　）。

A. 坚硬状态的黏土

B. 紧密状态的砂土

C. 可塑状态黏性土

D. 中密以上的砂土

19. 下列情形中，预应力混凝土沉桩施工应改用较低落距锤击的是（　　）。
   A．进入软土地层　B．达到设计标高
   C．遇到孤石地层　D．出现风化岩层

20. 适用于反循环旋转钻孔清孔方式是（　　）。
   A．吸泥法清孔
   B．换浆法清孔
   C．掏渣法清孔
   D．高压射风（水）辅助清孔

21. 干作业成孔的钻孔桩混凝土可按水下混凝土标准进行配制，严格按照导管法干孔浇筑，桩顶混凝土应进行振捣的范围不得少于（　　）m。
   A．1　　　　　　B．2
   C．3　　　　　　D．4

22. 挖孔桩基础施工时，若发现桩间距比较大、地层紧密，不需要爆破时，可以采用（　　）。
   A．对角开挖　　　B．单孔开挖
   C．先挖中孔　　　D．先挖边孔

23. 挖孔桩基础挖孔时，孔内应经常检查有害气体浓度，当二氧化碳浓度超过 0.3%、其他有害气体超过允许浓度或（　　）时，均应设置通风设备。
   A．孔深超过 5m　B．孔深超过 8m
   C．孔深超过 10m　D．孔深超过 15m

24. 挖孔桩基础施工时，孔内爆破应采用浅眼爆破。爆破前，对炮眼附近的支撑应采取防护措施，护壁混凝土强度尚未达到（　　）时，不宜爆破作业。
   A．1.0MPa　　　　B．2.0MPa
   C．2.5MPa　　　　D．3.0MPa

25. 钢筋混凝土管桩适用于入土深度不大于 25m，下沉所用振动力不大的条件，其（　　）。
   A．制造工艺简单，设备比较复杂
   B．制造工艺复杂，设备比较简单
   C．制造工艺和设备比较复杂
   D．制造工艺和设备比较简单

26. 预应力管桩下沉深度可超过（　　），能经受较大振动荷载或施工振动，其管壁抗裂性较强，但工艺比较复杂，需要张拉设备等。
   A．25m　　　　　B．5m
   C．15m　　　　　D．10m

27. 钢管桩的制造设备较为简单，下沉速度也较同直径的其他管桩快，但（　　）。
   A．用钢材较少，造价比预应力管桩低
   B．用钢材较少，造价比预应力管桩高
   C．用钢材较多，造价比预应力管桩低
   D．用钢材较多，造价比预应力管桩高

28. 管桩内除土应根据土层、管桩入土深度及施工具体条件，选取适宜的除土方法。适合采用空气吸泥机的土层是（　　）。
   A．黏性土　　　　B．粉性土
   C．砂类土　　　　D．碎石土

29. 双壁钢围堰一般由内外壁板、竖向桁架、水平环形桁架、刃脚组成。适用于（　　）的地层。
   A．流速较小、水位较深、承台较浅
   B．流速较大、水位较深、承台较浅
   C．流速较大、水位较浅、承台较浅
   D．流速较大、水位较深、承台较深

30. 双壁钢围堰的围堰钢壳可分层、分块制造，块件大小可根据制造设备、运输条件和（　　）决定。

A．焊接能力　　B．安装起吊能力
C．基础形式　　D．堆放场地条件

31. 吊箱围堰封底厚度应根据抽水时吊箱不上浮的原则计算确定。封底厚度不宜小于（　　）。

A．0.5m　　　　B．1.0m
C．1.5m　　　　D．2.0m

32. 沉井基础施工流程中工序在支立外模和抽垫木之间进行的工作是（　　）。

A．安装钢刃角
B．绑扎钢筋
C．浇筑底节混凝土
D．抽水下沉

33. 沉井基础施工流程中接高下沉工序后续工作是（　　）。

A．支立内模　　B．填充作业
C．封底施工　　D．清理基底

34. 底节沉井混凝土强度达到设计强度等级（　　）以上方可拆除隔墙底面和刃脚斜面的模板和支撑，沉井的直立侧模当混凝土强度达到（　　）MPa 时即可拆除，但应防止沉井表面及棱角受损。

A．70%，1.5　　B．80%，1.5
C．70%，2.5　　D．80%，2.5

35. 垂直开挖的坑壁条件中，对密实（镐挖）的基坑深度不超过（　　）。

A．0.75m　　　　B．1.50m
C．1.75m　　　　D．2.0m

36. 放坡开挖的基坑，基坑平面尺寸应按基础大小每边加宽（　　），基础如有凹角，基坑仍应取直。

A．0.2～0.4m　　B．0.2～0.5m
C．0.3～0.5m　　D．0.3～0.6m

37. 采用横、竖挡板支撑、钢（木）框架支撑施工方法，在施工完毕拆除支撑时，应（　　）分段拆除，拆一段回填夯实一段。

A．自上而下　　B．自下而上
C．自左向右　　D．自右向左

38. 关于清孔作业的说法，错误的是（　　）。

A．清孔过程中应及时向孔内注清水
B．成孔检查合格后应立即进行清孔
C．换浆法清孔用于正循环旋转钻机
D．采用加大钻孔深度方式代替清孔

39. 清孔后孔底的沉渣厚度应满足（　　）要求。

A．柱桩一般不大于 10cm，摩擦桩不大于 30cm
B．柱桩一般不大于 5cm，摩擦桩不大于 30cm
C．柱桩一般不大于 10cm，摩擦桩不大于 20cm
D．柱桩一般不大于 5cm，摩擦桩不大于 20cm

40. 钻孔桩水下混凝土的灌注可采用（　　）。

A．泵送法　　　　B．横向导管法
C．竖向导管法　　D．直接灌注法

41. 挖孔桩施工时，在（　　）情况下设通风设备。

A．二氧化碳浓度超过 0.2%，其他有害气体超过允许浓度
B．二氧化碳浓度超过 0.1%，其他有害气体超过允许浓度
C．孔深超过 5m
D．孔深超过 10m

42. 在渗水量小的稳定土层中下沉第一节沉井时，可采用的下沉方法是（　　）。

A．机械抓土　　B．吸泥下沉

C. 排水开挖　　　D. 高压射水

43. 沉井封底混凝土在浇筑过程中发生故障或对封底记录有疑问时，应采取的检查鉴定方法是（　　）。

A. 回弹检测　　　B. 地质雷达

C. 超声检测　　　D. 钻孔取样

44. 某铁路桥梁基础长 10m、宽 8m、深 3m，所处位置土质湿度正常，结构均匀，为密实黏性土。该基础开挖方法宜采用（　　）。

A. 无护壁垂直开挖

B. 无护壁放坡开挖

C. 有护壁垂直开挖

D. 有护壁放坡开挖

二　多项选择题

1. 沉入桩可选用的下沉施工方法有（　　）。

A. 锤击法　　　B. 灌注法

C. 振动法　　　D. 挤密法

E. 静压法

2. 钢板桩围堰的施工工序包括（　　）。

A. 钢板桩拆除　　B. 围图的设置

C. 围图安装　　　D. 钢板桩的插打

E. 合龙

3. 当采用围堰开挖扩大基础的基坑时，开挖方法有（　　）。

A. 冲抓法开挖　　B. 人力开挖

C. 冲吸法开挖　　D. 有水开挖

E. 无水开挖

4. 关于静力压桩施工的说法，正确的有（　　）。

A. 适用于可塑状态黏性土

B. 宜用于坚硬状态的黏土

C. 宜用于中密以上的砂土

D. 根据压桩阻力选择设备

E. 压桩时应避免中途停歇

5. 关于钢吊箱围堰施工的说法，正确的有（　　）。

A. 吊箱围堰适用于低桩承台

B. 吊箱围堰可在浮箱上组拼

C. 吊箱围堰侧板可用单壁或双壁

D. 水上施工一般需配置施工平台

E. 吊箱围堰封底厚度不宜小于 2.0m

6. 制作沉井处的地面及岛面承载力应符合设计要求，当地面以下的软弱地层不能满足承载力要求时，可采取的加固措施有（　　）。

A. 换填　　　　B. 打砂桩

C. 压浆　　　　D. 旋喷桩

E. 填筑反压土体

7. 下列开挖方式中，属于桥梁工程基坑开挖的有（　　）。

A. 台阶法开挖　　B. 无护壁开挖

C. 有护壁开挖　　D. 全断面法开挖

E. 围堰基础开挖

8. 垂直开挖的坑壁条件为：土质湿度正常，结构均匀，（　　）。

A. 松软土质基坑深度不超过 0.75m

B. 密实（镐挖）的不超过 3.0m

C. 中等密度（锹挖）的不超过 1.25m

D．有地下水时，深度不超过 0.5m

E．良好石质，深度可根据地层倾斜角度及稳定情况决定

9．铁路施工中常用的降水措施有（　　）。

A．特大井点降水　　B．大井点降水

C．小井点降水　　　D．深井点降水

E．浅井点降水

10．喷射混凝土护壁施工的内容和要求有（　　）。

A．在基坑口挖环形沟槽

B．浇筑混凝土坑口护筒

C．护筒深一般为 2.0～3.5m

D．护筒浇筑后从外向中心开挖

E．清理坑壁后随即施作护壁

11．旋转钻孔可分为正循环旋转钻孔和反循环旋转钻孔。正循环旋转钻孔适用的地质条件有（　　）。

A．黏性土　　　　B．砂类土

C．卵石　　　　　D．软岩

E．硬岩

12．冲击钻机施工成孔检查确认钻孔合格后，应立即进行清孔。清孔方法主要有（　　）。

A．掏渣法　　　　B．换浆法

C．吸泥法　　　　D．循环法

E．浮渣法

13．关于钻孔桩施工清孔的说法，叙述正确的有（　　）。

A．吸泥法适用于正循环旋转钻机清孔

B．清孔达标后应立即进行混凝土浇筑

C．换浆法适用于正循环旋转钻机清孔

D．抽渣法适用于反循环旋转钻机清孔

E．采用加大钻孔深度的方式代替清孔

14．挖孔桩挖孔时，必须采取孔壁支护，孔内应经常检查有害气体浓度，当（　　）时，均应设置通风设备。

A．二氧化碳浓度超过 0.3%

B．二氧化碳浓度低于 0.3%

C．孔深超过 10m

D．孔深小于 10m

E．其他有害气体超过允许浓度

15．管桩基础可适用于各种土质的基底，尤其在（　　）的自然条件下，不宜修建其他类型基础时，均可采用。

A．深水　　　　　B．岩面倾斜度较大

C．岩面不平　　　D．无覆盖层

E．覆盖层很厚

16．下列施工方法中，符合管桩基础施工要求的有（　　）。

A．管桩基础适用于各种土质的基底

B．预应力管桩入土深度不宜大于 25m

C．钢管桩造价比预应力管桩造价低

D．管桩内除砂类土宜采用空气吸泥机

E．管桩内除黏性土宜采用抓泥斗

17．钢板桩围堰施工的主要设备有（　　）。

A．振动打桩锤　　B．汽车吊

C．履带吊　　　　D．浮吊

E．运输船

18．双壁钢围堰一般由（　　）组成。

A．振动打桩锤　　B．内外壁板

C．竖向桁架　　　D．水平环形桁架

E．刃脚

19．双壁钢围堰的施工要点包括（　　）。

A．围堰钢壳应整体制造

B．第一节钢围堰应做水压试验

C．灌水高度应符合设计要求

D．灌水后应检查焊缝渗漏情况

E．渗漏处在排水后将焊缝铲除烘干重焊

20. 钢板桩围堰的施工要点有（   ）。

　　A. 围囹安装

　　B. 钢板桩整理

　　C. 围囹整修

　　D. 钢板桩的插打和合龙

　　E. 围囹的设置

21. 基坑基底的处理方法主要有（   ）。

　　A. 岩层基底应清除岩面松碎石块

　　B. 黏性土层基底修整可用回填土夯平

　　C. 倾斜岩层时应将岩面凿平或成台阶

　　D. 基底回填碎石底面等于基底设计高程

　　E. 泉眼可用堵塞或排引的方法处理

22. 模筑是最基本的基础建造方法，对于扩大基础，模筑方法包括（   ）。

　　A. 测量放线　　B. 钢筋骨架绑扎

　　C. 模板安装　　D. 混凝土浇筑

　　E. 混凝土养生与拆模

23. 下列情形中，可采用支撑加固坑壁的有（   ）。

　　A. 基坑开挖而影响附近建筑物，不能放坡开挖

　　B. 较深基坑放坡开挖不经济

　　C. 垂直开挖边坡不稳定

　　D. 基坑为不稳定的含水土壤，放坡开挖无法保持边坡稳定

　　E. 较深基坑垂直开挖不经济

24. 关于基坑围堰的说法，正确的有（   ）。

　　A. 围堰的顶面宜高出施工期间可能出现的最高水位 1.5m

　　B. 围堰应做到防水严密，减少渗漏

　　C. 围堰应满足强度、稳定性的要求

　　D. 堰内面积应满足基础施工的需要

　　E. 围堰的顶面宜高出施工期间可能出现的最高水位 0.5m

25. 关于明挖基础基坑基底处理的说法，正确的有（   ）。

　　A. 对于岩层基底可以采用直接砌筑基础的方法

　　B. 岩石基底在砌筑基础时，应边砌边回填封闭

　　C. 基底有泉眼时，可用堵塞或排引的方法处理

　　D. 碎石类及砂土类土层基底承重面应修理平整

　　E. 黏性土层基底修整时，超挖处用回填土夯平

26. 铁路桥梁中桩基础的类型有（   ）。

　　A. 沉桩基础　　　B. 钻孔桩基础

　　C. 挖孔桩基础　　D. 管桩基础

　　E. 挤密桩基础

27. 关于钻孔桩水下混凝土灌注施工的说法，正确的有（   ）。

　　A. 钻孔桩水下混凝土灌注应采用竖向导管法

　　B. 首批混凝土灌注后导管埋深应不小于 1.0m

　　C. 水下混凝土浇筑用储料斗采用钢制储料斗

　　D. 水下混凝土应连续浇筑，中途不得停顿

　　E. 灌注标高应与桩顶设计标高相同，不得超出

28. 沉桩按照其施工方法可分为（   ）。

　　A. 静力压桩

　　B. 锤击沉桩

　　C. 振动沉桩

　　D. 振动沉桩辅以射水

　　E. 人工开挖沉桩

1C414020　铁路桥梁墩台施工方法

复习要点

1. 一般墩台施工方法
2. 特殊墩台施工方法

一 单项选择题

1. 铁路桥梁墩台应该按照（　　）的施工顺序施工。

   A. 墩台底面放线→基底处理→绑扎钢筋→安装模板→浇筑混凝土→养护、拆模

   B. 基底处理→墩台底面放线→绑扎钢筋→安装模板→浇筑混凝土→养护、拆模

   C. 墩台底面放线→基底处理→安装模板→绑扎钢筋→浇筑混凝土→养护、拆模

   D. 基底处理→墩台底面放线→安装模板→绑扎钢筋→浇筑混凝土→养护、拆模

2. 目前，铁路桥梁高墩墩身施工采用的方法是（　　）。

   A. 定型钢模板　　　B. 组合木模板

   C. 倒模和滑模　　　D. 爬模和翻模

3. 爬模施工中，爬升架爬升就位后续工序是（　　）。

   A. 浇筑混凝土　　　B. 提升模板

   C. 制作钢筋笼　　　D. 安装爬模

4. 爬模施工每次浇筑混凝土面距模板顶面最小距离为（　　）cm。

   A. 3　　　　　　　B. 4

   C. 5　　　　　　　D. 6

二 多项选择题

1. 下列施工措施中，符合墩台施工要求的有（　　）。

   A. 施工前将基础顶面冲洗干净

   B. 模板接缝应严密，不得漏浆

   C. 混凝土基础表面应凿除浮浆

   D. 工作平台应与模板支架连接

   E. 墩台混凝土宜一次连续浇筑

2. 下列结构中，属于爬模系统组成部分的

有（　　）。

A. 中心塔式起重机

B. 液压顶升机构

C. T形支架

D. 网架工作平台

E. 内外套架

3. 下列模板中，属于铁路桥梁高墩施工方

法的有（　　）。

A. 固定式拼装模板

B. 翻模

C. 整体式安装模板

D. 爬模

E. 组合式拼装模板

1C414030　铁路桥梁梁部施工方法

 复习要点

1. 简支 T 形梁预制与架设方法

2. 箱梁预制与架设方法

3. 箱梁原位造梁方法

4. 钢梁施工方法

5. 连续梁施工方法

6. 转体箱梁施工方法

7. 拱桥施工方法

8. 斜拉桥施工方法

一 单项选择题

1. 先张法预应力混凝土 T 形梁施工，整体张拉和整体放张宜采用自锁式千斤顶，张拉吨位宜为张拉力的（　　）倍，且不得小于（　　）倍。

A. 1.3，1.2　　　B. 1.5，1.2

C. 1.4，1.2　　　D. 1.6，1.5

2. 后张法预应力混凝土 T 形梁施工，预应力筋的张拉应以应力控制为主，伸长值作为校核，顶塞锚固后，测量两端伸长量之和不得超过计算值的（　　）。

A. ±3%　　　　B. ±4%

C. ±5%　　　　D. ±6%

3. 按照过孔方式不同，移动模架分为（　　）三种。

A．上行式、下行式和复合式

B．上行式、侧行式和复合式

C．上行式、侧行式和中行式

D．上行式、下行式和中行式

4．铁路连续梁顶推法施工中，梁体制造长度应考虑预应力混凝土（　　）的影响，并及时调整。

A．弹性压缩、收缩、徐变

B．弹性压缩、收缩、挠度

C．非弹性压缩、收缩、挠度

D．非弹性压缩、收缩、徐变

5．铁路大跨度混凝土连续梁主要采用（　　）和顶推法施工。

A．悬臂灌注法　　B．膺架法

C．悬拼法　　　　D．拖拉法

6．先张法预应力混凝土T形梁施工时，张拉台座应与张拉各阶段的受力状态适应，构造应满足施工要求。张拉横梁及锚板应能直接承受预应力筋施加的压力，其受力后的最大挠度不得大于（　　）。

A．2mm　　　　　B．5mm

C．8mm　　　　　D．10mm

7．后张法预应力混凝土T形梁施工采用底模联合振动时，应将两侧模板上下振动器位置交错排列。模板应设置（　　）。

A．正拱及预留压缩量

B．反拱及预留压缩量

C．正拱及预留伸长量

D．反拱及预留伸长量

8．单梁式架桥机架梁，当机动平车运送梁与主机对位工作完成后，下一道工序是（　　）。

A．喂梁、捆梁、吊梁、出梁

B．机上横移梁或墩顶横移梁

C．安装支座落梁就位

D．支起机身两侧支腿

9．架梁前，应检查桥头填土和线路质量，确定压道加固办法和有关事项。架桥机组装后的走行地段线路必须（　　）。

A．坡度不大于1%

B．铺设混凝土轨枕

C．行走平稳

D．压道检查

10．拖拉法架设钢梁时，以下拖拉方法不属于按牵引方式分的方法为（　　）拖拉。

A．长导梁　　　　B．通长式

C．接力式　　　　D．往复式

11．拖拉架梁一般用于（　　）钢梁的架设，就施工方法上大体可分为纵拖和横移两类。

A．小跨度　　　　B．中等跨度

C．大跨度　　　　D．超大跨度

12．拖拉架梁的施工工序中，在"拼装路基支墩、墩台顶面支墩和桥孔内支墩→钢梁组拼→拼装前导梁→钢梁拖拉、纠偏"完成后的下一道工序是（　　）。

A．钢梁就位　　　B．顶梁

C．安装支座　　　D．落梁就位

13．根据提运梁设备、箱梁制造程序和工艺要求，制梁场有（　　）布置形式。

A．横列式和纵列式两种

B．横列式、纵列式和斜列式三种

C．并联式和纵列式两种

D．并联式、纵列式和斜列式三种

14．某高速铁路桥梁上部结构形式为32m整体箱梁，下列位置中，最适合选定为预制梁场的是（　　）。

A．标段起点远离桥群的山地

B．桥群重心不远的干枯河床

C．人口密集村庄附近的稻田

D．新建线路红线内车站位置

15. 跨制梁区龙门式起重机布置在生产线上，主要不是用来（　　）的。

A．移梁　　　　B．吊钢筋骨架

C．吊内模　　　D．吊其他配件

16. 预制梁均应设置桥牌，桥牌应标明：跨度、活载等级、设计图号、梁号、（　　）、许可证编号等。

A．梁体材料、制造厂家、制造年月

B．梁体材料、制造方法、出厂年月

C．梁体重量、制造厂家、制造年月

D．梁体重量、制造方法、出厂年月

17. 预制梁在制梁场内运输、起落梁和出场装运、落梁均应采用联动液压装置或三点平面支撑方式，运输和存梁时均应保证每支点实际反力与四个支点的反力平均值相差（　　）。

A．不超过±10%或四个支点不平整量不大于2mm

B．不超过±20%或四个支点不平整量不大于2mm

C．不超过±10%或四个支点不平整量不大于5mm

D．不超过±20%或四个支点不平整量不大于5mm

18. 架桥机架梁作业时，抗倾覆稳定系数不得小于1.3；过孔时，起重小车应位于对稳定有利的位置，抗倾覆稳定系数不得小于（　　）。

A．1.3　　　　　B．1.5

C．1.8　　　　　D．2.5

19. 运梁车装箱梁启动起步应缓慢平稳，严禁突然加速或急刹车，重载运行速度控制在（　　）。

A．5km/h 以内，曲线、坡道地段应严格控制在 3km/h 以内

B．5km/h 以内，曲线、坡道地段应严格控制在 8km/h 以内

C．10km/h 以内，曲线、坡道地段应严格控制在 3km/h 以内

D．10km/h 以内，曲线、坡道地段应严格控制在 8km/h 以内

20. 下列浇筑方式中，不属于支架法制梁施工方法的是（　　）。

A．原位浇筑　　　B．旁位浇筑

C．低位浇筑　　　D．高位浇筑

21. 高速铁路桥梁上部结构形式以常用跨度32m、24m（　　）为主，其中32m箱梁作为主梁型。

A．双线后张法预应力混凝土简支箱梁

B．单线后张法预应力混凝土简支箱梁

C．双线混凝土简支箱梁

D．单线混凝土简支箱梁

22. 高速铁路箱梁的刚度强、重量大，对制梁台座、存梁台座及提梁机轨道基础的承载能力及不均匀沉降提出了很高的要求，制梁场的位置应尽量选在地质条件好的地方，减少（　　），尽量降低大型临时工程费用。

A．运输距离

B．砂石用量

C．混凝土用量

D．土石方工程和基础加固工程量

23. 箱梁的运输和架设是施工组织的一个关键工序，较短的运输距离可确保箱梁运

输安全和提高架梁的施工进度，运距越短越合理，一般不超过（　　）。

A. 10km
B. 15km
C. 20km
D. 35km

24. 拖拉架梁施工时，若设置两种坡度，其变坡不宜大于（　　）。

A. 2‰
B. 3‰
C. 4‰
D. 5‰

25. 全悬臂拼装钢梁时，组拼工作由桥孔一端悬拼到另一端，为减少悬臂长度，通常在另一侧桥墩旁边设置附着式托架。此种方法适用于（　　）。

A. 陆地架设的桥梁
B. 季节性河流上架设的桥梁
C. 浅河易于设置临时支墩的桥梁
D. 河中不易设置临时支墩的桥梁

26. 采用墩旁托架进行悬臂拼装施工，墩旁托架除承受由钢梁作用的垂直力乘以超载系数1.3外，并考虑由钢梁传来的（　　）。

A. 纵向风力
B. 横向风力
C. 施工荷载
D. 移动荷载

27. 悬臂安装采用水上吊船施工时，吊船停泊位置应在桥中线下游，必须具有可靠的（　　）。

A. 牵引设备
B. 锚定设备
C. 牵引船只
D. 定位桩

28. 悬臂浇筑法施工适用于预应力混凝土悬臂梁、连续梁、刚构、斜拉桥等结构，通常每次可浇筑（　　）长的梁段，每个工序循环约需6～10d。

A. 1～2m
B. 2～3m
C. 2～4m
D. 3～5m

29. 悬臂浇筑法的施工，桥墩两侧梁段悬臂施工应对称平衡。平衡偏差不得大于设计要求，浇筑混凝土时，每一梁段在浇筑和张拉前后应按设计提供的（　　）进行比较。

A. 挠度值
B. 强度值
C. 应力值
D. 应变值

30. 先张法预应力混凝土简支梁预制施工中，当桥面钢筋及预埋件安装工作完成后，下一道工序是（　　）。

A. 张拉预应力束
B. 浇筑混凝土
C. 安装端头模板
D. 安装梁体钢筋

31. 铁路简支梁主要采用（　　）方法架设。

A. 汽车式起重机
B. 架桥机
C. 跨墩门式起重机
D. 摆动排架式

32. 预应力混凝土悬臂梁、连续梁、刚构、斜拉桥等结构都可采用（　　）施工方法。

A. 膺架法
B. 拖拉法
C. 悬浇法
D. 浮运法

33. 连续梁顶推施工通常用于（　　）跨度的预应力混凝土连续梁。

A. 40～60m
B. 60～100m
C. 100～150m
D. 60～150m

34. 在普通钢筋混凝土简支梁预制中，下列属于安装外模、内模、端头模板项目的紧前工序是（　　）。

A. 安装支座预埋板
B. 浇筑梁体混凝土
C. 安装梁体钢筋
D. 安装桥面钢筋

二 多项选择题

1. 高速铁路制梁现场规划设计的原则包括（　　）。
   - A. 安全适用
   - B. 技术先进
   - C. 经济合理
   - D. 布局合理
   - E. 节省场地

2. 高速铁路制梁现场规划具体要求有（　　）。
   - A. 桥群分散
   - B. 临时工程量小
   - C. 交通方便
   - D. 征地拆迁少
   - E. 利于环保

3. 下列情形中，顶推法施工时要停止施工的有（　　）。
   - A. 梁段偏离较大
   - B. 导梁杆件变形、螺栓松动
   - C. 导梁与梁体连接有松动和变形
   - D. 牵引拉杆变形
   - E. 桥墩（临时墩）发生极小变形

4. 在铁路桥梁施工中，悬臂灌注法适用于（　　）等结构。
   - A. 简支梁
   - B. 连续梁
   - C. 刚构
   - D. 斜拉桥
   - E. 拱桥

5. 关于桥梁架梁施工的说法，属于严禁架梁的情况有（　　）。
   - A. 架梁人员未经培训
   - B. 气候恶劣妨碍眺望操作
   - C. 梁表面受损但已整修完好
   - D. 桥头路基未按规程进行处理
   - E. 架桥机走行系统的制动设备失灵

6. 钢梁的主要施工方法有（　　）。
   - A. 膺架法
   - B. 拖拉法
   - C. 悬浇法
   - D. 浮运法
   - E. 悬拼法

7. 钢梁悬臂拼装方法主要有（　　）。
   - A. 全悬臂拼装
   - B. 半悬臂拼装
   - C. 中间合龙悬臂拼装
   - D. 平衡悬臂拼装
   - E. 两侧对称悬臂拼装

8. 箱梁梁体钢筋骨架可分为（　　）。
   - A. 底腹板钢筋骨架
   - B. 顶板钢筋骨架
   - C. 支座钢筋骨架
   - D. 翼板钢筋骨架
   - E. 肋柱钢筋骨架

9. 箱形预制梁制造技术证明书应（　　）。
   - A. 一式五份
   - B. 一式两份
   - C. 一份交用户
   - D. 一份交监理单位
   - E. 一份随同施工原始记录归档

10. 下列施工要求中，符合箱梁架设基本要求的有（　　）。
    - A. 架桥机架梁前应定期对重要部件进行探伤检查
    - B. 架桥机架梁作业时抗倾覆稳定系数不得小于 1.3
    - C. 桥梁支座可在运梁前安装但不得随梁一同运输
    - D. 梁上设备工具重量不得超过设计检算的允许值
    - E. 预制梁架设后相邻梁端顶面高差不应大于 10mm

11. 关于支架法制梁开展预压工作的说法，

48

正确的有（　　）。

A．支架进行预压目的是检验结构的承载能力

B．支架进行预压可以消除支架结构弹性变形

C．预压荷载应不小于最大施工荷载的1.1倍

D．每级加载完毕2h后进行支架的变形观测

E．加载完毕后应当在每6h测量一次变形值

12．关于移动模架施工的说法，正确的有（　　）。

A．应具有足够的强度、刚度和稳定性

B．移动模架主梁挠度不应大于$L/600$

C．各种工况下稳定系数不得小于2.5

D．首次浇筑梁体混凝土前应进行预压

E．拼装前对各零部件完好性进行检查

13．拖拉架梁方法按照牵引方式可分为（　　）。

A．全悬臂拖拉　　　B．无导梁拖拉

C．通长式拖拉　　　D．接力式拖拉

E．往复式拖拉

14．膺架的类型主要有（　　）。

A．满堂式　　　　　B．长梁式

C．墩梁式　　　　　D．密墩无梁式

E．独立支墩式

15．浮运架设钢梁的方法有（　　）。

A．浮拖法　　　　　B．横移浮运

C．纵移浮运　　　　D．半浮运、半横移

E．半浮运、半纵移

16．关于浮运架设钢梁施工要求的说法，正确的有（　　）。

A．浮船的隔舱应做水压试验

B．浮运钢梁宜逆水进入桥孔

C．浮运时风力不宜大于5级

D．船体吃水深时，船底应高于河床35cm

E．每天专人测量水位、流速、风速与风向

17．下列情形中，符合制梁场选址规划要求的有（　　）。

A．布置在地势较低的干枯河床区域

B．选在与既有公路或便道相连位置

C．选择在经济发达人口密集的区域

D．选择在桥群重心或两端附近位置

E．选在地质条件好土石方量少地段

18．制梁场主要机械设备需要配置（　　）、混凝土输送泵、混凝土罐车、蒸汽养护系统以及模板系统等。

A．跨制梁区龙门吊

B．架桥机

C．提梁机

D．钢筋装卸龙门吊

E．拌和站、布料机

19．关于后张法预应力混凝土简支梁施工要求的说法，正确的有（　　）。

A．预应力筋的张拉应以应力控制为主伸长值作为校核

B．底模采用联合振动时，模板上下振动器位置并列排列

C．梁体混凝土强度及弹性模量达到设计要求后，施加预应力

D．顶塞锚固后测量两端伸长量之和，不得超过计算值的±10%

E．顶塞锚固后测量两端伸长量之和，不得超过计算值的±6%

1C414040　铁路涵洞施工方法及控制要点

 复习要点

1. 铁路涵洞施工方法
2. 铁路涵洞施工控制要点

一　单项选择题

1. 涵洞施工时钢筋混凝土拱圈和盖板现场浇筑宜连续进行。当涵身较长，不能一次连续完成时，可（　　）。

   A. 沿长度方向分段浇筑，施工缝应设在涵身沉降缝处

   B. 沿长度方向分段浇筑，施工缝应设在涵身中心处

   C. 沿线路方向分段浇筑，施工缝应设在涵身沉降缝处

   D. 沿线路方向分段浇筑，施工缝应设在涵身中心处

二　多项选择题

1. 关于涵洞施工要点的说法，正确的有（　　）。

   A. 基坑开挖后及时施工基础和边墙

   B. 涵洞沉降缝上下应有必要的交错

   C. 盖板现场浇筑施工采用钢模板

   D. 拱圈应由中间向两侧对称施工

   E. 涵洞管节安装应保持管座完整

1C414050　铁路营业线桥涵施工方法及施工防护措施

 复习要点

1. 营业线桥涵施工方法

2．营业线桥涵施工防护措施

一 单项选择题

1．营业线桥涵施工，除应符合现行铁路安全技术管理规程的规定外，还必须制定确保安全的措施，并应与（　　）签订协议后方可施工。

　　A．铁路集团公司　　B．建设单位

　　C．设备管理单位　　D．监理单位

2．铁路营业线桥涵顶进按结构分，主要有（　　）两种类型。

　　A．浅埋涵洞顶进和深埋涵洞顶进

　　B．深基础涵洞顶进和浅基础涵洞顶进

　　C．框架式桥涵顶进和圆形涵洞顶进

　　D．过水涵洞顶进和过人涵洞顶进

3．桥台的加高施工中，加高量小于（　　）时，可利用托盘加高。

　　A．5cm　　　　　　B．10cm

　　C．15cm　　　　　 D．20cm

4．营业线以轨束梁便桥增建小桥时，当桥址填土（　　）时，可采用排架枕木垛轨束梁。

　　A．在4m以内，土质一般，无地下水，小桥跨度在6m以下

　　B．在4m以内，土质一般，无地下水，小桥跨度在12m以下

　　C．在8m以内，土质一般，无地下水，小桥跨度在6m以下

　　D．在8m以内，土质一般，无地下水，小桥跨度在12m以下

5．营业线桥涵顶进施工中，吊轨纵横梁法最适用于加固位于（　　）的路段。

　　A．桥涵孔径较小，直线地段

　　B．桥涵孔径较大，箱顶无覆盖土

　　C．桥涵孔径较大，箱顶有覆盖土

　　D．桥涵孔径较小，与线路正交

6．桥梁墩台加高方法中，垫高支座是利用行车空隙或封锁时间，将桥梁连同支座顶起至设计标高，在支座下设U形模板，由开口一侧填塞（　　），充分捣实，达到需要强度后恢复通车。

　　A．高坍落度混凝土

　　B．高坍落度砂浆

　　C．低坍落度混凝土

　　D．低坍落度砂浆

7．桥涵顶进施工程序中，完成浇筑后背梁工作底板工作后，紧接着应进行（　　）工作。

　　A．安装顶进设备　　B．预制箱涵

　　C．顶进　　　　　　D．挖运土

8．顶涵均应安装导轨，导轨应固定牢固。导轨材料必须顺直，安装时应严格控制（　　）。

　　A．高程、内距及边线

　　B．高程、内距及中心线

　　C．里程、内距及边线

　　D．里程、内距及中心线

9．增建二线桥时，要根据一、二线间距情况，必须采取防护措施保证营业线行车

安全，一般在两线间距在（　　），开挖基坑可采用排桩防护。

A. 4.5m 以上而路堤又高于 3m 时

B. 4.5m 以上而路堤又高于 6m 时

C. 2.5m 以上而路堤又高于 3m 时

D. 2.5m 以上而路堤又高于 6m 时

10. 吊轨纵横梁法适用于桥涵孔径较大、箱顶无覆盖土的线路加固，且（　　）。

A. 无论正交、斜交都可使用

B. 无论正交、斜交都不可使用

C. 正交不可使用、斜交可使用

D. 正交不使用、斜交不可使用

11. 填塞桥孔施工，桥梁的拆除在填土达到梁底（　　）时进行。

A. 0.2～0.3m
B. 0.3～0.4m

C. 0.4～0.5m
D. 0.5～0.6m

12. 营业线桥涵顶进施工的防护，吊轨法一般应用于桥涵身孔径小于（　　），处于直线地段，路基土质较好的线路加固。

A. 2m
B. 3m

C. 4m
D. 5m

二 多项选择题

1. 当遇到（　　）情况时，应停止圆形涵洞的顶进。

A. 顶管前方发生塌方或遇到障碍

B. 后背倾斜或严重变形

C. 顶柱发生扭曲现象

D. 管位有偏差但在允许范围内

E. 顶力超过管口允许承受能力发生损伤

2. 营业线增建桥涵的施工方法有（　　）。

A. 以轨束梁便桥增建小桥

B. 以轨束梁便桥增建盖板箱涵

C. 以钢梁便桥增建桥涵

D. 以拆装梁增建桥梁

E. 用沉井抬梁法修建盖板箱涵

3. 关于以轨束梁便桥增建小桥的做法，正确的有（　　）。

A. 当小桥跨度在 12m 以下时，可采用排架枕木垛轨束梁

B. 当填土厚度在 3m 以下，不易坍塌时可采用排架轨束梁

C. 当填土厚度在 3m 以内且土质较差时，抬轨可用轨束梁

D. 当填土厚度为 6m，正桥跨度大时采用密排枕木轨束梁

E. 当行车密度大、正桥跨度较小时，可采用吊轨梁法施工

4. 桥涵顶进施工方法有：一次顶入法、对顶法、中继间法、对拉法、解体顶进法、开槽顶入法、斜交桥涵顶进法、多箱分次顶进法、在厚覆土内顶进法、顶拉法、牵引法等。其施工的共同点有（　　）。

A. 在坑底浇筑钢筋混凝土底板

B. 在桥址路基一侧设置工作坑

C. 底板上预制钢筋混凝土箱身

D. 在箱身后端两侧墙安装刃脚

E. 顶进前在底板安装滚动滑轮

5．圆形涵洞顶进应连续施工，当顶进过程中遇到（   ）情况时，应停止顶进，迅速采取措施处理完善后，再继续顶进。

A．管前挖土长度，在铁路道床下超越管端以外 5cm

B．后背倾斜或严重变形

C．顶柱发生扭曲现象

D．管位偏差过大

E．顶力超过管口允许承受能力发生损伤

6．下列施工措施中，属于营业线增建二线桥施工防护措施的有（   ）。

A．线间距在 4.5m 以上路堤高 6m 以上时，开挖基坑采用排桩防护

B．线间距在 4.5m 以上路堤高 6m 以上时，需在桥台后打入防护板桩

C．线间距在 4.5m 以下路堤高 3～6m 时，须在桥台后打入钢板桩

D．线间距在 4.5m 以上路堤高 3～6m 时，可用木板桩挡土

E．路堤高度在 3m 以下，需在台尾路堤中打入圆木排桩挡土

7．关于营业线增加桥梁孔数施工要求的说法，正确的有（   ）。

A．在台后一定范围内用吊轨梁开挖路堤

B．封锁线路拆除吊轨梁、线路及枕木垛

C．原位抬高便桥钢梁，架设增建的新桥

D．在新台后回填并做锥体

E．在便桥梁下建筑新墩台

8．圆形涵洞顶进的施工要点包括（   ）。

A．导轨材料必须顺直，安装时应严格控制高程、内距及中心线

B．顶进中遇到顶柱发生扭曲时应停止顶进并迅速采取处理措施

C．土质较差时首节管节前端上部135°范围内设帽檐式钢板刃脚

D．管节周围上部允许超挖 3cm，下部圆弧范围内不得超挖

E．管前挖土长度在铁路道床下应当超越管端以外 30cm

9．框架式涵洞顶进的施工要点包括（   ）。

A．每次顶进前应检查液压系统等变化情况

B．挖运土方和顶进作业应当循环交替作业

C．挖土长度在道床下应超过管端外 10cm

D．顶进涵均应设置导轨，导轨应固定牢固

E．每前进一顶程，应切换油路更换长顶铁

10．关于吊轨纵横梁法加固线路施工要求的说法，正确的有（   ）。

A．铺设吊轨时应将加固段的混凝土轨枕换成木枕

B．加固范围应大于框架涵斜长＋1.5×框架涵高度

C．曲线上的框架顶涵施工时抬轨梁不用设置超高

D．对营业线路加固，应按照批准的施工方案进行

E．施工中应采取纠偏和控制抬头扎头的技术措施

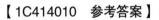

【1C414010　参考答案】

一、单项选择题

1	2	3	4	5	6
C	A	A	C	B	A
7	8	9	10	11	12
A	D	B	C	D	D
13	14	15	16	17	18
C	D	B	B	C	C
19	20	21	22	23	24
A	A	D	A	C	C
25	26	27	28	29	30
D	A	D	C	B	B
31	32	33	34	35	36
B	C	D	B	D	D
37	38	39	40	41	42
B	D	D	C	D	C
43	44				
D	B				

二、多项选择题

1	2	3	4
A、C、E	B、C、D、E	A、B、C	A、D、E
5	6	7	8
B、C、D	A、B、E	B、C、E	A、C、E
9	10	11	12
B、C	A、B、E	A、B、D	A、B、C
13	14	15	16
B、C	A、C、E	A、C、D、E	A、D、E
17	18	19	20
A、B、C、D	B、C、D、E	B、C、D、E	A、B、D、E

21	22	23	24
A、C、E	B、C、D、E	A、B、D	B、C、D、E
25	26	27	28
B、C、D	A、B、C、D	A、B、C、D	A、B、C、D

【1C414020　参考答案】

一、单项选择题

1	2	3	4		
A	D	B	C		

二、多项选择题

1	2	3
A、B、C、E	A、B、D、E	B、D

【1C414030　参考答案】

一、单项选择题

1	2	3	4	5	6
B	D	A	A	A	A
7	8	9	10	11	12
B	A	D	A	B	A
13	14	15	16	17	18
A	D	A	C	A	B
19	20	21	22	23	24
A	C	A	D	B	A
25	26	27	28	29	30
D	B	B	D	A	B
31	32	33	34		
B	C	A	C		

二、多项选择题

1	2	3	4
A、B、C	B、C、D、E	A、B、C、D	B、C、D
5	6	7	8
A、B、D、E	A、B、D、E	A、B、C、D	A、B
9	10	11	12
B、C、E	A、B、D、E	A、C、E	A、D、E
13	14	15	16
C、D、E	A、B、C、E	A、B、C、D	A、B、C、E
17	18	19	
B、D、E	A、C、D、E	A、C、E	

【1C414040　参考答案】

一、单项选择题

1				
A				

二、多项选择题

1			
A、C、E			

【1C414050　参考答案】

一、单项选择题

1	2	3	4	5	6
C	C	D	A	B	D
7	8	9	10	11	12
B	B	B	A	A	B

二、多项选择题

1	2	3	4
A、B、C、E	A、C、D、E	B、C、E	A、B、C
5	6	7	8
B、C、D、E	A、B、D、E	A、B、D、E	A、B、C
9	10		
A、B、E	A、B、D、E		

1C415000　铁路隧道工程

1C415010　铁路隧道开挖

1C415000
扫一扫
看本章精讲课
配套章节自测

 复习要点

1. 隧道围岩分级

2. 隧道超前地质预报

3. 隧道开挖方法

4. 隧道出渣方法

5. 围岩监控量测

6. 不良地质隧道类型及特殊要求

一 单项选择题

1. 下列状态中，不属于铁路隧道围岩级别修正因素的是（   ）。

   A. 地下水出水状态

   B. 初始地应力状态

   C. 开挖前稳定状态

   D. 结构面产状状态

2. 按照铁路隧道围岩分级判定标准，下列属于Ⅱ级围岩判定特征的是（   ）。

   A. 极硬岩，岩体完整

   B. 硬岩，岩体完整

   C. 较软岩，岩体完整

   D. 软岩，岩体完整

3. 开挖作业能连续进行，施工速度快，作业人员少的开挖方法是（   ）。

   A. 钻爆法　　　B. 沉管法

   C. 明挖法　　　D. 掘进机法

4. 根据铁路隧道岩体类型划分标准，下列岩石中属于B类岩石的是（   ）。

   A. 闪长岩　　　B. 安山岩

   C. 石灰岩　　　D. 大理岩

5. 适用于各种地质条件和地下水条件，且具有适合各种断面形式和变化断面的高灵活性的开挖方法是（   ）。

   A. 钻爆法　　　B. 盾构法

   C. 掘进机法　　　D. 沉管法

6. 岩石隧道光面爆破一次开挖进尺不宜大于（   ）m，爆破参数应通过试验确定。

   A. 3.5　　　B. 4.0

   C. 4.5　　　D. 5.0

7. 隧道光面爆破，为了达到较好爆破效果，采取微差起爆顺序，首先起爆的是（   ）。

   A. 周边眼　　　B. 掏槽眼

   C. 辅助眼　　　D. 底板眼

8. 在隧道施工过程中，应建立（   ）的一体化施工管理系统，以不断提高和完善施工技术。

   A. 地质预测→设计→施工检验→量测反馈→修正设计

   B. 设计→施工检验→地质预测→量测反馈→修正设计

   C. 地质预测→量测反馈→设计→施工检验→修正设计

   D. 设计→修正设计→地质预测→施工检验→量测反馈

9. TBM施工方法的缺点是（   ）。

   A. 施工速度慢，工期长

B. 对围岩的损伤大

C. 振动大、噪声大

D. 机械的购置费和运输、组装、解体等的费用高

10. 现阶段在软弱地层中修建地铁和交通隧道以及各种用途管道最先进的、应用广泛的施工方法之一是（   ）。

A. 沉管法　　　　B. 盾构法

C. 掘进机法　　　D. 钻爆法

11. 出渣是隧道施工的基本作业之一，出渣作业能力的强弱决定了在整个作业循环中的（   ）。

A. 施工成本　　　B. 所占时间的长短

C. 工序质量　　　D. 管理水平

12. 为保证二次衬砌的质量和整体性，在任何情况下，钻爆法开挖都应采用（   ）的施工顺序。

A. 先拱后墙　　　B. 先墙后拱

C. 同时施作拱墙　D. 交替施作拱墙

13. 铁路山岭隧道开挖最常用的方法是（   ）。

A. 明挖法　　　　B. 沉管法

C. 钻爆法　　　　D. 盾构法

14. 某单线隧道位于弱风化泥质砂岩中，按台阶法施工，施工中发现上台阶拱脚收敛值超标，宜采取的措施为（   ）。

A. 施作临时仰拱　B. 施作超前管棚

C. 施作临时竖撑　D. 反压核心土

15. 下列情形中，不符合瓦斯工区钻爆作业要求的是（   ）。

A. 作业必须采用湿式钻孔

B. 炮眼深度不宜小于 0.6m

C. 必须采用煤矿许用炸药

D. 爆破采取反向装药起爆

16. 单口掘进 3km 以上单线隧道应采用的出渣方式是（   ）。

A. 有轨运输　　　B. 无轨运输

C. 斜井运输　　　D. 竖井运输

17. 隧道拱顶下沉和净空变化的量测断面间距中，Ⅳ级围岩不得大于（   ）m，Ⅴ级围岩不得大于（   ）m。

A. 20；15　　　　B. 15；10

C. 10；5　　　　 D. 20；10

18. 隧道浅埋、下穿建筑物地段，地表必须设置监测网点并实施监测。当拱顶下沉、水平收敛率达（   ）mm/d 或位移累计达（   ）mm 时，应暂停掘进，并及时分析原因，采取处理措施。

A. 5；100　　　　B. 5；50

C. 10；100　　　 D. 10；50

19. 下列施工方法中，适合铁路隧道Ⅰ、Ⅱ级围岩施工的是（   ）。

A. 全断面法　　　B. 二台阶法

C. 三台阶法　　　D. 中隔壁法

20. 关于隧道全断面法施工的说法，正确的是（   ）。

A. Ⅰ级围岩开挖循环进尺不宜大于 4.5m

B. Ⅱ级围岩开挖循环进尺不宜大于 4.0m

C. Ⅲ级围岩开挖循环进尺不宜大于 3.0m

D. Ⅳ级围岩加固后循环进尺不大于 2.5m

21. 关于隧道台阶法施工的说法，错误的是（   ）。

A. 台阶长度不宜过长，宜控制在一倍洞径以内

B. 台阶形成后，各台阶开挖、支护宜平行作业

C. Ⅲ级围岩循环进尺不宜超过 3.0m

D. 下台阶开挖，左右侧宜平行推进

1. 判定铁路隧道围岩分级的因素有（　　）。

   A. 围岩的主要工程地质条件

   B. 围岩的特性

   C. 开挖后的稳定状态

   D. 弹性纵波速度

   E. 铁路隧道的断面形式

2. 铁路隧道围岩级别应在围岩基本分级的基础上，结合隧道工程的特点，进行围岩级别修正的因素有（　　）。

   A. 岩体整体性状态

   B. 地下水出水状态

   C. 初始地应力状态

   D. 结构面产状状态

   E. 开挖前稳定状态

3. 关于双侧壁导坑法施工要求的说法，正确的有（　　）。

   A. 施工中应先开挖隧道两侧导坑再开挖中部剩余部分

   B. 导坑形状应近似椭圆形，导坑宽度宜为 1/3 隧道宽度

   C. 侧壁导坑中部开挖应采用短台阶，台阶长度 3～5m

   D. 循环进尺为钢架设计间距的 1.5 倍

   E. 侧壁导坑开挖应超前中部 10～15m

4. TBM 施工方法的优点有（　　）。

   A. 开挖作业连续进行施工速度快

   B. 对围岩损伤小，不产生松弛掉块

   C. 在施工作业过程中不产生振动

   D. 施工噪声小，对周围居民影响小

   E. 机械化施工安全，作业人员多

5. 下列情形中，符合隧道岩溶地段施工要求的有（　　）。

   A. 施工前要对地表进行必要的处理，如地表预注浆

   B. 在下坡地段遇到溶洞时应准备足够数量排水设备

   C. 岩溶地段开挖宜采用台阶法，必要时采用中隔壁法

   D. 爆破时应做到少打眼、打深眼，严格控制装药量

   E. 施工中宜采用动态设计、动态施工并及时优化调整

6. 关于无轨运输的说法，正确的有（　　）。

   A. 采用各种无轨运输车出渣和进料

   B. 适用于弃渣场离洞口较远的场合

   C. 适用于道路坡度较大的场合

   D. 缺点是作业时污染洞内空气

   E. 一般适用于单线长隧道运输

7. 下列情形中，属于监控量测应为施工管理及时提供的信息有（　　）。

   A. 围岩稳定性的信息

   B. 地下水变化的情况

   C. 二次衬砌合理的施作时间

   D. 为调整支护参数提供依据

   E. 为工程施工进度提供信息

8. 铁路隧道主要施工方法有（　　）。

   A. 钻爆法　　　　B. 明挖法

   C. 盾构法　　　　D. 沉管法

   E. 掘进机法

9. 下列选项中，属于隧道监控量测必测项

目的有（　　）。

    A．衬砌前净空变化

    B．拱顶下沉　　C．隧底隆起

    D．围岩压力　　E．洞内、外观察

10. 关于隧道工程出渣的说法，正确的有（　　）。

    A．出渣作业分装渣、运渣两步

    B．出渣能力不会影响施工速度

    C．配置的装渣运输能力应大于最大开挖能力

    D．有轨运输比较适应 3km 以上的隧道运输

    E．无轨运输比较适应断面较小的长隧

道运输

11. 关于隧道监控量测的描述，正确的有（　　）。

    A．调整监控量测计划由监理单位负责组织实施

    B．监控量测应作为关键工序纳入施工工序管理

    C．监控量测必须设置专职人员并经培训后上岗

    D．地质复杂隧道由监控量测专门机构负责实施

    E．现场监控量测应根据已批准的实施细则进行

1C415020　铁路隧道支护

 复习要点

1. 隧道支护类型
2. 隧道支护施工方法

一　单项选择题

1. 下列情形中，按隧道支护施工方法分，正确的是（　　）。

    A．整体式衬砌中的临时支护

    B．复合式衬砌中的永久支护

    C．径向支护和超前支护

    D．整体式支护和复合式支护

2. 下列情形中，属于铁路隧道锚喷支护中

锚杆作用的是（　　）。

    A．填平补强围岩

    B．限制围岩变形

    C．减缓围岩面风化

    D．提高层间摩阻力

3. 隧道初期支护采用钢拱架，主要作用是（　　）。

A. 支承锚固围岩

B. 阻止围岩松动

C. 加强限制围岩变形

D. 填平补强围岩

二 多项选择题

1. 铁路隧道常用的支护形式为锚喷支护,主要采用锚杆和喷射混凝土、钢筋网片、钢支撑等材料,共同组成支护结构,承受围岩压力,实现(   )。

 A. 施工期安全的目的

 B. 控制围岩过大变形的目的

 C. 施工期防尘的目的

 D. 控制模板过大变形的目的

 E. 施工期控制质量和防水的目的

2. 锚喷支护的特点有(   )。

 A. 灵活性   B. 及时性

 C. 紧密性   D. 密贴性

 E. 高效性

3. 铁路隧道锚喷支护中喷射混凝土的作用有(   )。

A. 支承围岩 B. 承受松弛荷载

C. 填平补强围岩 D. 阻止围岩松动

E. 限制围岩变形

4. 格栅施工的施工要点包括(   )。

 A. 确保焊接质量 B. 纵向连接

 C. 及时喷护   D. 充分填充

 E. 紧密接触

5. 喷射混凝土的施工要点有(   )。

 A. 选择合理的支护材料

 B. 选择合理的配合比

 C. 做好喷射面的事先处理

 D. 选择合理的支护参数

 E. 根据监测结果做好喷射混凝土厚度的调整

1C415030 铁路隧道防排水

 复习要点

1. 施工防排水措施

2. 结构防排水措施

3. 注浆防水措施

1. 下列情形中，应采用喷射混凝土堵水的是（　　）。
   A. 当围岩有大面积裂隙渗水，且水量、压力较小时
   B. 当围岩有大面积裂隙滴水、流水，且水量压力不大时
   C. 当围岩有小面积裂隙渗水，且水量、压力较小时
   D. 当围岩有小面积裂隙滴水、流水，且水量压力不大时

2. 隧道防排水包含（　　）。
   A. 结构防排水、特殊防排水
   B. 结构防排水、施工防排水
   C. 一般防排水、施工防排水
   D. 一般防排水、特殊防排水

3. 在隧道防排水施工中，能够为衬砌与围岩之间提供过水通道的设施是（　　）。
   A. 防水板　　　　　B. 盲沟
   C. 泄水孔　　　　　D. 排水沟

1. 结构防排水措施主要有（　　）。
   A. 喷射混凝土堵水
   B. 钢板堵水
   C. 模筑混凝土衬砌堵水
   D. 注浆堵水及排水沟排水
   E. 盲沟排水及泄水孔排水

1C415040　铁路隧道衬砌

 复习要点

1. 隧道衬砌类型
2. 隧道衬砌施工方法

1. 在永久性的隧道及地下工程中常用的衬砌形式有（　　）。

   A. 整体混凝土衬砌、复合式衬砌及锚喷衬砌

   B. 一次混凝土衬砌、二次混凝土衬砌及锚喷衬砌

   C. 初期混凝土衬砌、永久衬砌及复合衬砌

   D. 混凝土衬砌、浆砌片石衬砌

2. 穿越式分体移动模板台车是将走行机构与整体模板分离，因此一套走行机构可以解决几套模板的移动问题，且（　　）。

   A. 降低了走行机构的利用率，一次进行一段衬砌

   B. 降低了走行机构的利用率，可以多段初砌同时施行

   C. 提高了走行机构的利用率，一次进行一段衬砌

   D. 提高了走行机构的利用率，可以多段初砌同时施行

1. 衬砌模板常用的类型有（　　）。

   A. 整体移动式模板台车

   B. 穿越式模板台车

   C. 单体式模板台车

   D. 拼装式拱架模板

   E. 分体固定式模板台车

2. 整体移动式模板台车的特点包括（　　）。

   A. 缩短立模时间

   B. 可用于顺作及逆作

   C. 墙拱连续浇筑

   D. 加快衬砌施工速度

   E. 一套走行机构可以解决几套模板的移动问题

3. 衬砌施工主要工作流程包括（　　）。

   A. 断面检查、放线定位

   B. 拱架模板整备、立模

   C. 混凝土制备与运输

   D. 混凝土的浇筑

   E. 监控量测

1C415050 铁路隧道施工辅助作业要求

复习要点

1. 隧道施工供电要求
2. 隧道施工供水要求
3. 隧道施工通风要求
4. 隧道施工防尘要求
5. 隧道辅助导坑施工要求

一 单项选择题

1. 同时考虑施工现场的动力和照明施工用电量的计算公式为（　　）。

   A. $S_{总} = k[\sum P_1 \cdot k_1/(\eta \cdot \cos\varphi) + \sum P_2 \cdot k_3]$

   B. $S_{总} = k[\sum P_1 \cdot k_1/(\eta \cdot \cos\varphi)k_2 + \sum P_2]$

   C. $S_{总} = [\sum P_1 \cdot k_1/(\eta \cdot \cos\varphi)k_2 + \sum P_2 \cdot k_3]$

   D. $S_{总} = [\sum P_1 \cdot k_1/(\eta \cdot \cos\varphi)k_2 + \sum P_2 \cdot k_3]$

2. 一般使变压器用电负荷达到额定容量的（　　）左右为佳。

   A. 30%　　　　　B. 40%

   C. 20%　　　　　D. 60%

3. 隧道供电电压，一般是三相五线 400/230V，动力机械的电压标准是（　　）。

   A. 220V　　　　　B. 360V

   C. 380V　　　　　D. 480V

4. 隧道施工中，作业环境必须符合有关规定，氧气含量按体积计，不得低于（　　）。

   A. 10%　　　　　B. 20%

   C. 30%　　　　　D. 40%

5. 隧道施工中，作业环境必须符合的规定是（　　）。

   A. 空气温度不得超过 26℃；噪声不得大于 80dB

   B. 空气温度不得超过 26℃；噪声不得大于 90dB

   C. 空气温度不得超过 28℃；噪声不得大于 80dB

   D. 空气温度不得超过 28℃；噪声不得大于 90dB

6. 在曲线长隧道中应采用的通风方式为（　　）。

   A. 压入式通风　　B. 吸出式通风

   C. 自然通风　　　D. 强制机械通风

7. 隧道施工钻爆作业时，在钻眼过程中利用高压水实施湿式凿岩，其主要目的是（　　）。

   A. 降低噪声　　　B. 降低温度

   C. 降低粉尘　　　D. 降低湿度

8. 施工通风方式应根据隧道的长度、掘进坑道的断面大小、施工方法和设备条件等诸多因素来确定。在施工中，自然通风是利用洞室内外的温差或风压差来实现通风的一种方式，一般仅限于（　　）。

A. 短直隧道　　　B. 长大隧道

C. 曲线隧道　　　D. 小断面隧道

9. 对于缺水、易冻害或岩石不适于湿式钻眼的地区，可采用（　　），其效果也较好。

A. 干式凿岩孔口捕尘

B. 喷雾洒水

C. 湿式凿岩

D. 个人防护

10. 关于隧道施工通风目的的表述，错误的是（　　）。

A. 及时供给洞内足够的新鲜空气

B. 稀释并排除有害气体和降低粉尘浓度

C. 降低洞内空气温度

D. 保障作业人员的身体健康

11. 隧道采用钻爆法开挖时，开挖工作面风动凿岩机风压应不小于（　　）MPa，高压供风管的直径应根据最大送风量、风管长度、闸阀数量等条件计算确定，独头供风长度大于（　　）m时宜考虑设增压风站。

A. 0.5　　2000　　B. 0.5　　1500

C. 1.0　　2000　　D. 1.0　　1500

12. 隧道开挖供风时，供风管前端至开挖面的距离宜保持在（　　）m内，并用分风器连接高压软风管。当采用导坑或台阶法开挖时，软风管的长度不宜大于（　　）m。

A. 30　　60　　B. 30　　50

C. 20　　50　　D. 20　　60

二 多项选择题

1. 用水量估算应考虑的有（　　）。

A. 绿化用水　　　B. 施工用水

C. 生活用水　　　D. 消防用水

E. 储备用水

2. 下列条件中，符合隧道高压风机及风管布置要求的有（　　）。

A. 通风机安装基础要能承受机体重量和运行时产生的振动

B. 在洞外地段风管长度大于100m时，应设置油水分离器

C. 吸入口不要吸入液体，要安装喇叭口提高吸入、排出效率

D. 在衬砌台车附近，不要使风管急剧弯曲以减少风压损失

E. 风管可挂设在隧道底板中央、隧道下部或靠边墙墙角处

3. 隧道施工中采取的综合性防尘措施主要有（　　）。

A. 湿式凿岩　　　B. 孔口捕尘

C. 机械通风　　　D. 蒸汽湿润

E. 喷雾洒水

4. 铁路隧道施工辅助作业应包括（　　）。

A．施工供电　　B．施工供暖
C．施工供水　　D．施工通风
E．施工防尘

5．隧道辅助导坑包括（　　）。

A．横洞　　　　B．平行导坑
C．竖井　　　　D．泄水洞
E．通风孔

参 考 答 案

【1C415010　参考答案】

一、单项选择题

1	2	3	4	5	6
C	B	D	C	A	A
7	8	9	10	11	12
B	B	D	B	B	B
13	14	15	16	17	18
C	A	D	A	C	A
19	20	21			
A	C	D			

二、多项选择题

1	2	3	4
B、D	B、C、D	A、B、C、E	A、B、D
5	6	7	8
A、B、C、E	A、B、C、D	A、C、D	A、B、C、E
9	10	11	
A、B、E	A、C、D	B、C、D、E	

【1C415020　参考答案】

一、单项选择题

1	2	3			
C	D	C			

二、多项选择题

1	2	3	4
A、B	A、B、D	A、C、D	A、C、D、E
5			
B、C、D、E			

【1C415030　参考答案】

一、单项选择题

1	2	3			
A	B	B			

二、多项选择题

1			
A、C、D			

一、单项选择题

1	2				
A	D				

二、多项选择题

1	2	3	
A、B、D	A、C、D	A、B、C、D	

【 1C415050　参考答案 】

一、单项选择题

1	2	3	4	5	6
A	D	C	B	D	D
7	8	9	10	11	12
C	A	A	C	A	B

二、多项选择题

1	2	3	4
B、C、D	A、C、D	A、B、C、E	A、C、D、E
5			
A、B、C、D			

1C416000　铁路轨道工程

1C416010　铁路轨道技术

 复习要点

1. 轨道类型
2. 轨道构造
3. 轨道铺设条件

一 单项选择题

1. 轨道是指路基面以上的线路部分，直接承受列车荷载，引导列车行走。分为有砟轨道和无砟轨道。我国标准轨距为（　　）mm。

A. 1067　　　　B. 1435

C. 1524　　　　D. 1676

2. 根据正线有砟轨道设计标准，高速铁路扣件类型为（　　）。

A. 弹条Ⅰ或Ⅱ型　B. 弹条Ⅱ或Ⅲ型

C. 弹条Ⅲ或Ⅳ型　D. 弹条Ⅳ或Ⅴ型

3. 正线可采用 50kg/m 钢轨的铁路类型是（　　）。

A. 客货共线Ⅱ级铁路

B. 高速铁路

C. 城际铁路

D. 重载铁路

4. 客货共线铁路长度超过 1km 的隧道及隧道群宜采用（　　）。

A. 有砟道床　　　B. 一级碎石道床

C. 无砟道床　　　D. 二级碎石道床

5. 钢轨定尺长可为 100m、75m、25m、12.5m。有缝线路宜选用（　　）m 定尺长钢轨。

A. 100　　　　B. 75

C. 25　　　　D. 12.5

6. 无缝线路道床砟肩应使用碎石道砟，堆高 15cm，堆高道砟的边坡坡度应为（　　）。

A. 1:1　　　　B. 1:2

C. 1:1.5　　　　D. 1:1.75

7. 正线与站线、道岔区联结处无砟道床一般采用（　　）。

A. 轨枕埋入式无砟轨道

B. CRTSⅠ型板式无砟轨道

C. CRTSⅡ型板式无砟轨道

D. CRTSⅢ型板式无砟轨道

8. 城际铁路 CRTSⅠ型板式无砟轨道采用的扣件类型是（　　）。

A. WJ-7A　　　　B. WJ-7B

C. WJ-8A　　　　D. WJ-8B

9. 关于有砟轨道轨枕设置的说法，正确的是（　　）。

A. 曲线半径小于 300m 的地段应铺设木枕

B. 设有护轨的地段应铺设Ⅲ型混凝土桥枕

C. 正线道岔应当采用混凝土电容轨枕铺设

D. 不同类型的轨枕在桥隧结合处可以混铺

10. 长钢轨吊点间距不应大于（　　）m，轨两端的吊点距轨端不应大于（　　）m。

A. 20，11　　　　B. 18，9

C. 16，7　　　　D. 14，5

二　多项选择题

1. 下列项目中，属于正线有砟轨道设计标准运营条件的有（　　）。

A. 货物列车设计速度 V_H

B. 列车轴重 P

C. 旅客列车设计速度 V_K

D. 年通过总质量

E. 线下工程质量标准

2. 目前正线无砟轨道道床结构形式主要

有（　　　）。

 A．CRTS 型双块式无砟轨道

 B．轨枕埋入式无砟轨道

 C．CRTS Ⅰ型板式无砟轨道

 D．弹性支承块式无砟轨道

 E．CRTS Ⅱ型板式无砟轨道

3．根据用途和平面形状，道岔分为普通单开道岔和（　　　）等。

 A．单开对称道岔 B．三开道岔

 C．交叉渡线   D．交分道岔

 E．复式道岔

4．道砟储存应符合（　　　）规定。

 A．存砟数量应满足进度要求

 B．堆砟场地面应当进行硬化

 C．清洁的道砟堆放应予覆盖

 D．用固定输送机作业时堆放高度不得超过 3m

 E．采用移动式输送机或移动卸料应当分层堆放

5．下列建设要求中，符合铺轨基地建设要求的有（　　　）。

 A．铺轨基地设施宜永临结合，注意环境保护

 B．基地不得设在低洼地带，应设置排水系统

 C．基地设消防通道，相邻堆料间留有不小于 5.0m 的距离

 D．基地内临时设施的设置，应尽量避免影响站后工程施工

 E．基地内走行线尽头应设车挡，电器设备加装安全保护装置

6．铺轨基地供应半径需综合考虑的因素有（　　　）。

 A．沿线铁路引入条件

 B．工期要求

 C．机车车辆供应情况

 D．运输通道

 E．基地地形地质条件

7．下列条件中，符合长钢轨进场质量检验及储运规定的有（　　　）。

 A．长钢轨进场后，应对其类型、规格、外观质量进行检验

 B．存放基础应防止不均匀沉降，长钢轨整理后应分类垛码

 C．长钢轨起吊应缓起轻落同步运作，保持长钢轨基本平直

 D．支垫应与各层钢轨水平放置，垛码层数应当保证长钢轨不伤损变形

 E．长钢轨列车出发前，应确认长钢轨锁定，各部均不得超出车辆限界

8．关于轨道工程与四电接口的说法，正确的有（　　　）。

 A．道岔提报供应前，应与信号专业共同确认道岔直曲股的绝缘

 B．道岔钢轨应在无缝线路放散锁定后钻孔，钻孔应按规定倒棱

 C．施工前，综合接地位置应与桥梁综合接地对应位置进行确认

 D．建设单位应组织信号等专业确认钢轨钻孔位置、大小及数量

 E．轨道结构与信号及综合接地系统的接口施工应符合设计要求

1C416020 无缝线路铺设

 复习要点

1. 钢轨焊接方法
2. 钢轨铺设方法
3. 应力放散方法
4. 无缝线路锁定方法
5. 无缝线路轨道精调

一 单项选择题

1. 工地钢轨闪光焊接施工基本工艺流程中，"焊接和推凸"项目的紧前工序是（　　）。
   A. 轨端打磨　　B. 正火
   C. 焊机对位　　D. 精磨

2. 当施工作业时的轨温低于设计锁定轨温范围时，应采用拉伸器滚筒法施工。拉伸器滚筒法施工流程中"轨温测量、做标记"项目的紧前工序是（　　）。
   A. 撞轨、应力放散
   B. 拆卸扣件
   C. 钢轨拉伸、撞轨
   D. 锁定线路

3. 当实测作业轨温高于设计锁定轨温范围时，应力放散及锁定的方法是（　　）。
   A. 拉伸器滚筒法施工
   B. 滚筒法施工
   C. 不得进行应力放散
   D. 撞轨法施工

4. 关于钢轨位移观测桩设置的说法，错误的是（　　）。
   A. 观测柱在站台侧可设置在站台墙上
   B. 位移观测桩可设置在电务设备位置
   C. 位移观测桩应设置齐全不易被破坏
   D. 隧道内位移观测桩可设置于边墙上

5. 放散应力时，应每隔（　　）m左右设一临时位移观测点观测钢轨的位移量，及时排除影响放散的障碍，达到应力放散均匀彻底。
   A. 70　　　　　B. 80
   C. 90　　　　　D. 100

6. 钢轨拉伸量计算公式 $\Delta L = \alpha \cdot L \cdot \Delta t$ 中，α 代表（　　）。
   A. 单元轨节长度
   B. 单元轨节拉伸量
   C. 钢轨线膨胀系数
   D. 设计与施工轨温差

7. 根据设计文件，需要对钢轨进行预打磨时，钢轨预打磨完成时间应在（　　）。

A. 线路精调整理后线路开通前

B. 钢轨拉伸、撞轨后锁定线路前

C. 线路粗调整理后线路开通前

D. 锁定线路后位移观测标志设置前

8. 下列测量要求中，符合轨道精调测量规定的是（　　）。

A. 采用全站仪通过 CP Ⅱ 控制点进行自由设站

B. 全站仪与轨道几何状态测量仪的观测距离宜为 80～90m

C. 区间轨道应连续测量，两次测量搭接长度不应少于 20m

D. 更换测站后应重复测量上一测站测量的最后 2～6 根轨枕

二 多项选择题

1. 工地钢轨闪光焊接应配备的主要机械设备有（　　）等。

A. 拉轨器　　　　B. 引导车

C. 锯轨机　　　　D. 探伤仪

E. 正火机

2. 下列情形中，符合工地钢轨闪光焊接规定的有（　　）。

A. 拆除待焊轨头前方长钢轨全部及轨头后方 10m 范围内的扣件，并校直钢轨

B. 根据轨枕和扣件类型适当垫高待焊轨头后方的钢轨以便保证焊头轨顶平直度

C. 待焊轨头前方长钢轨下每隔 10m 安放一个滚筒以便钢轨可以纵向移动焊接

D. 打磨两待焊轨轨端和焊机电极钳口的轨腰接触区，呈现光泽后方可施焊

E. 焊缝区域冷却到 400℃ 以下时，焊轨作业车方可通过钢轨焊头

3. 无砟轨道长钢轨铺设主要有拖拉法、推送法两种方法。拖拉法铺设长钢轨应配备的主要设备有（　　）等。

A. 长钢轨推送车　B. 分轨推送车

C. 顺坡架　　　　D. 长轨运输车

E. 引导车

4. 无缝线路有（　　）情况时，应放散或调整应力后重新锁定。

A. 钢轨产生不正常的过量伸缩

B. 实际锁定轨温超出设计锁定轨温范围

C. 因处理线路故障超出设计锁定轨温范围

D. 原因不明施工时按设计锁定轨温锁定的线路

E. 无缝线路固定区钢轨出现严重的不均匀位移

5. 下列作业要求中，符合无缝线路轨道整理作业要求的有（　　）。

A. 在整理地段按需要备足道砟

B. 扒开的道床应及时回填夯实

C. 拨道机安放在铝热焊焊缝处

D. 进行无缝线路整理作业应分析锁定轨温变化

E. 高温时不应安排影响线路稳定性的整理作业

1C416030 有砟轨道铺设

复习要点

1. 人工铺轨方法
2. 机械铺轨方法
3. 道岔铺设方法
4. 有砟轨道上砟整道养护方法
5. 营业线轨道铺设方法

单 项 选 择 题

1. 铺轨前应钉设线路中桩，符合中桩桩距设置规定的是（　　）。
   A. 直线不得大于 25m
   B. 直线不得大于 50m
   C. 曲线不得大于 30m
   D. 缓和曲线应为 15m

2. 钢轨温度在公式（　　）范围时，为最佳铺轨时间，一般情况下，应安排在此条件下铺轨。
   A. $T_{max}-(a_g+C)/0.0118L \leqslant t \leqslant T_{max}-C/0.0118L$
   B. $T_{max}+(a_g+C)/0.018L \leqslant t \leqslant T_{max}+C/0.018L$
   C. $T_{max}+(a_g+C)/0.018L \leqslant t \leqslant T_{max}-C/0.018L$
   D. $T_{max}-(a_g+C)/0.018L \leqslant t \leqslant T_{max}+C/0.018L$

3. 关于曲线段水平桩桩距的描述，正确的是（　　）。

4. 双层道床宜按垫层厚度铺足，单层道床铺设厚度宜为（　　）。
   A. 100～150mm   B. 100～200mm
   C. 150～200mm   D. 150～250mm

   A. 直线不得大于 50m，曲线不大于 10m
   B. 直线不得大于 50m，曲线不大于 20m
   C. 直线不得大于 60m，曲线不大于 10m
   D. 直线不得大于 60m，曲线不大于 20m

5. 人工铺轨施工方法中，人工搬运轨枕的距离不宜大于（　　）。
   A. 20m   B. 40m
   C. 50m   D. 80m

6. 同类型轨枕成段铺设的最小长度，其他线和地方铁路、专用铁路、铁路专用线轨道为（　　）。
   A. 100m   B. 200m
   C. 300m   D. 500m

7. 人工铺轨时，同类型轨枕成段铺设的最小长度，困难条件下，地方铁路、专用铁路、铁路专用线的站线轨道可减少到（　　　）。

A．50m   B．100m

C．150m   D．200m

8．人工上砟整道作业，正确的作业顺序是（　　　）。

A．方枕→串轨→起道→补砟→捣固→拨道

B．方枕→串轨→补砟→起道→捣固→拨道

C．串轨→方枕→起道→补砟→捣固→拨道

D．串轨→方枕→补砟→起道→捣固→拨道

9．螺旋道钉用（　　　）锚固。

A．水泥沥青砂浆

B．环氧树脂砂浆

C．硫磺水泥砂浆

D．聚合物水泥砂浆

10．螺旋道钉的抗拔力不得小于（　　　）。

A．80kN   B．60kN

C．50kN   D．70kN

11．营业线轨道施工中，曲线外轨最大超高不得大于（　　　）。

A．150mm   B．125mm

C．175mm   D．200mm

12．关于铺岔前预铺道砟工作的说法，错误的是（　　　）。

A．预铺道砟前测设岔心、岔前、岔后控制桩

B．提前测设道床摊铺位置、长度、宽度

C．正线道岔预铺道砟应采用机械碾压

D．预铺道床厚度宜比设计小60mm

13．下列规定中，符合道岔组装要求的是（　　　）。

A．铺设钢轨应先曲股后直股，先辙叉后转辙

B．铺设钢轨应先曲股后直股，先转辙后辙叉

C．铺设钢轨应先直股后曲股，先辙叉后转辙

D．铺设钢轨应先直股后曲股，先转辙后辙叉

14．当道岔轨型与连接线路轨型不一致时，道岔前后应各铺一节长度不小于6.25m与道岔同型的钢轨。在困难条件下，站线长度可减小到（　　　）。

A．4.0m   B．4.5m

C．5.0m   D．5.5m

二　多项选择题

1．关于MDZ作业车组分层上砟整道的说法，正确的有（　　　）。

A．第一、二次起道量不宜大于80mm

B．第三、四次起道量不宜大于50mm

C．起道量50mm以上时宜选择单捣作业

D．起道量50mm以下时宜选择双捣作业

E．捣固作业时应同时夯拍道床边坡或砟肩

2. 大型养护机械对线路进行整道作业的内容包括（　　）。

    A. 抄平   B. 起拨道

    C. 锁定   D. 捣固

    E. 动力稳定

3. 下列情形中，符合道岔组装规定的有（　　）。

    A. 摆放岔枕应先确定上、下开别

    B. 垫板螺栓拧入前应涂抹防腐漆

    C. 摆放岔枕时不得用撬棍插入岔枕套管内进行作业

    D. 密贴调整应在高低、方向、轨距、水平调整到位后进行

    E. 按产品出厂标记的接头顺序和设计预留轨缝值连接道岔

4. 关于有砟轨道人工铺枕作业的说法，正确的有（　　）。

    A. 轨枕宜用平板车或低边车运往工地

    B. 人工搬运轨枕的距离不宜大于 50m

    C. 同一种类的轨枕应该集中连续铺设

    D. 钢轨接头前后铺设 3 根同种类轨枕

    E. 卸车时应该防止轨枕滚落到路堤外

5. 关于螺旋道钉锚固的说法，正确的有（　　）。

    A. 螺旋道钉用硫磺水泥砂浆锚固

    B. 锚固浆顶面应与承轨槽面平齐

    C. 道钉圆台底应高出承轨槽面 0～＋2mm

    D. 铺固方法宜采用正锚，螺旋道钉用模具定位

    E. 螺旋道钉应与承轨槽面平行歪斜不得大于 2°

1C416040　无砟轨道道床

 复习要点

1. 板式无砟轨道道床施工

2. 双块式无砟轨道道床施工

3. 无砟道岔铺设方法

一 单项选择题

1. 无砟轨道工程与线下工程工序交接应在轨道工程施工（　　）前进行。

    A. 一个月   B. 二个月

    C. 三个月   D. 四个月

2. 轨道板预制场中的轨道板预制区采用（　　）。

A. 短线台座直列布置

B. 长线台座直列布置

C. 短线台座曲列布置

D. 长线台座曲列布置

3. 板式无砟轨道标准板混凝土浇筑时应采用（　　）振捣。

A. 底振式　　　　B. 侧振式

C. 插入式　　　　D. 平板式

4. 支承层施工宜采用滑模摊铺机进行，对于长度较短、外形不规则、有大量预埋件或在支承层上设置超高的地段，也可采用模筑法施工。采用滑模摊铺法施工时，支承层材料应采用（　　）。

A. 改性沥青混合料

B. 高塑性混凝土

C. 水硬性混合料

D. 低塑性混凝土

5. 滑模摊铺法施工流程中，自卸车喂料或机械布料项目的紧后工序是（　　）。

A. 水硬性材料拌制、运输

B. 基础面清理及湿润

C. 摊铺机参数设定及校准

D. 滑模摊铺机作业

6. 轨道中线控制点应依据 CP Ⅲ 控制点进行测放，直线地段每隔（　　）m、曲线地段每隔（　　）m 测设并标记一个轨道中线控制点。

A. 10，10　　　　B. 5，10

C. 10，5　　　　D. 5，5

7. 整体道床混凝土浇筑后用薄膜覆盖喷湿养护或洒水养护，在道床混凝土未达设计强度（　　）之前，严禁各种车辆在道床上通行。

A. 60%　　　　　B. 65%

C. 70%　　　　　D. 80%

二 多项选择题

1. 轨道毛坯板制作完成 28d 后，板体混凝土收缩和徐变基本完成，用专用数控磨床对承轨台进行磨削加工，实现轨道板高精度的要求。下列关于磨削工序的说法，正确的有（　　）。

A. 翻转机工作时锁紧牢固可靠，避免磕损轨道板

B. 经切割后轨道板两侧钢筋外露长度小于 3mm

C. 在磨床工位上，按预先设定的参数调平轨道板

D. 轨道板检测由磨床自身的激光等测量系统实现

E. 对轨道板进行套管销孔干燥、注射油脂等作业

2. 轨道板验收的主要项目包括（　　）等。

A. 外观质量　　　B. 产品编号

C. 绝缘性能　　　D. 动载试验

E. 疲劳试验

3. "轨排支撑架法"施工双块式无砟道床应配备的设备有（　　）等。

A. 混凝土搅拌站　B. 轨排框架

C．混凝土运输车　D．散枕装置

　　E．螺杆调整器

4．下列施工要求中，符合道床板钢筋接地焊接及绝缘性能检查规定的有（　　）。

　　A．接地钢筋采用双面搭接焊

　　B．接地端子表面应加保护膜

C．焊缝长度等符合设计要求

D．绝缘钢筋的绝缘电阻实测值应大于2MΩ

E．接地端子焊接应在轨道精调完成前进行

参考答案

【1C416010　参考答案】

一、单项选择题

1	2	3	4	5	6
B	D	A	C	C	D
7	8	9	10		
A	B	B	C		

二、多项选择题

1	2	3	4
A、B、C、D	A、B、C、E	A、B、C、D	A、B、C、E
5	6	7	8
A、B、D、E	A、B、C	A、B、C、E	A、C、D、E

【1C416020　参考答案】

一、单项选择题

1	2	3	4	5	6
C	A	C	B	D	C
7	8				
A	C				

二、多项选择题

1	2	3	4
A、C、D、E	A、B、D、E	B、D、E	A、B、C、E
5			
A、B、D、E			

【1C416030　参考答案】

一、单项选择题

1	2	3	4	5	6
A	A	B	C	C	B
7	8	9	10	11	12
A	D	C	B	A	D
13	14				
D	B				

二、多项选择题

1	2	3	4
A、B、E	A、B、D、E	C、D、E	A、B、C、E
5			
A、B、C			

二、多项选择题

1	2	3	4
A、C、D	A、B、C、E	A、C、D、E	B、C、D

一、单项选择题

1	2	3	4	5	6
A	B	A	C	D	C
7					
C					

1C417000　铁路"四电"工程

1C417010　铁路电力工程

复习要点

1. 变、配电所施工

2. 电缆线路施工

3. 35kV 及以下架空线路施工

4. 低压配电系统施工

5. 电气照明系统施工

6. 电力远动系统施工

7. 机电设备监控系统施工

8. 防雷接地系统施工

9. 电力系统调试

一 单项选择题

1. 控制电缆敷设前对电缆绝缘进行测试的仪表是（　　）。

A. 万用表　　　　　B. 接地电阻测试仪

C. 兆欧表　　　　　D. 钳流表

2．多芯交联聚氯乙烯电力电缆的最小弯曲半径是电缆外径的（　　）倍。

A．10　　　　　　　　B．15

C．20　　　　　　　　D．25

3．下列施工流程中，属于 10kV 三芯户内冷缩式电力电缆终端头制作流程的是（　　）。

A．电缆测试→剥切电缆外护套→剥切电缆铠装→剥切电缆内护套→焊接地线→剥铜屏蔽层→收缩三指套→剥半导体层→剥线芯绝缘层→安装终端→安装相色罩帽→压接接线端子→电气性能测试→填写记录

B．剥切电缆外护套→电缆测试→剥切电缆铠装→剥切电缆内护套→焊接地线→收缩三指套→剥铜屏蔽层→剥半导体层→剥线芯绝缘层→安装终端→安装相色罩帽→压接接线端子→电气性能测试→填写记录

C．电缆测试→剥切电缆外护套→剥切电缆铠装→剥切电缆内护套→焊接地线→收缩三指套→剥铜屏蔽层→剥半导体层→剥线芯绝缘层→安装终端→安装相色罩帽→压接接线端子→电气性能测试→填写记录

D．电缆测试→剥切电缆外护套→剥切电缆铠装→剥切电缆内护套→焊接地线→收缩三指套→剥铜屏蔽层→剥半导体层→剥线芯绝缘层→安装终端→压接接线端子→安装相色罩帽→电气性能测试→填写记录

4．基础混凝土养护期间，当气温低至（　　）时不得露天浇水养护，而应采取暖棚养护方法。

A．0℃　　　　　　　　B．2℃

C．3℃　　　　　　　　D．5℃

5．截面积小于 120mm² 的电力电缆接地线应采用铜绞线或镀锡铜编织线，其最小截面积为（　　）mm²。

A．10　　　　　　　　B．16

C．25　　　　　　　　D．35

6．下列各项表征 SF$_6$ 气体理化特性中，表述错误的是（　　）。

A．无色、无味

B．无臭、无毒

C．可燃

D．惰性气体，化学性质稳定

7．油浸变压器在运输中倾斜角度不允许超过（　　）度。

A．10　　　　　　　　B．15

C．20　　　　　　　　D．30

8．架空钢芯铝绞线有扭结、断股和明显松股或同一截面处损伤面积超过导电部分总截面的（　　）%时不允许使用。

A．2　　　　　　　　B．3

C．5　　　　　　　　D．10

9．直流正极母线在涂刷相色漆、设置相色标志的颜色为（　　）。

A．黄色　　　　　　　B．蓝色

C．红色　　　　　　　D．赭色

10．电缆终端及中间接头制作时，空气相对湿度宜为（　　）%以下，应防止尘埃、杂物落入绝缘内。

A．50　　　　　　　　B．55

C．60　　　　　　　　D．70

11．发现高压接地故障时，在切断电源前，任何人与接地点的距离说法正确的是（　　）。

A. 室内不得小于 3m，室外不得小于 6m

B. 室内不得小于 4m，室外不得小于 8m

C. 室内不得小于 5m，室外不得小于

10m

D. 室内不得小于 6m，室外不得小于 12m

二 多项选择题

1. 三相联动的隔离开关在分合闸时触头应同时接触。触头接触时，不同期值应符合技术规定。下列不同期值正确的有（　　）。

A. 63～110kV 小于 20mm

B. 220～330kV 小于 20mm

C. 10～35kV 小于 10mm

D. 10～35kV 小于 5mm

E. 20～330kV 小于 30mm

2. 一根交流单芯电缆穿保护管时，可以使用的管材为（　　）。

A. 铜管　　　　　B. 铝管

C. 钢管　　　　　D. PVC 管

E. 陶土管

3. 架空线路施工时，下列说法正确的有（　　）。

A. 螺栓紧固后，单螺母螺杆丝扣露出的长度不应少于一个螺距

B. 螺栓连接时必须加垫圈时，每端垫圈不应超过 2 片

C. 对立体结构，水平方向螺栓穿向为由外向内，垂直方向由下向上

D. 对立体结构，水平方向螺栓穿向为由内向外，垂直方向由下向上

E. 对平面结构，顺线路方向，双面构件由外向内

4. 停电作业线路与另一条带电线路相接近或交叉，工作时与带电体接触或接近的安全距离，下列正确的有（　　）。

A. 10kV　　1m　　B. 35kV　　2m

C. 220kV　　4m　　D. 330kV　　4m

E. 0.38kV　　0.5m

5. 关于电缆管安装的说法，正确的有（　　）。

A. 电缆管道内径不小于电缆外径的 2 倍

B. 石棉水泥管等内径不小于 100mm

C. 弯扁处最小直径不小于管外径 90%

D. 每根电缆保护管的弯头不超过 3 个

E. 电缆保护管的直角弯头不超过 3 个

6. 关于硬母线相色漆涂刷的说法，正确的有（　　）。

A. 三相交流母线 B 相为绿色

B. 三相交流接地母线为黄色

C. 母线表面全部涂刷相色漆

D. 距离母线螺栓连接处 10mm 范围内不得刷相色漆

E. 母线与接线端子连接处 20mm 范围内不得刷相色漆

7. 关于电力线路施工的说法，正确的有（　　）。

A. 10kV 架空线路施工中，同一档距内同一根导线上的接头不应超过 2 个

B．10kV 架空线路施工中，导线接头位置与导线固定处的距离应大于 0.5m

C．10kV 架空线路施工中，导线在所有档距内均可以接头

D．35kV 电力线路在同一档内，同一根导线或地线上不应超过 1 个直线接续管及 3 个修补管

E．35kV 电力线路修补管与直线接续管间、修补管或直线接续管与耐张线夹之间的距离不小于 15m

8．关于电缆线路施工的说法，正确的有（　　）。

A．铁路电力工程是为所有铁路相关负荷提供交流电源的系统

B．机电设备监控及火灾自动报警系统及电力远动系统均属于铁路电力工程的子系统

C．一级负荷贯通线路是连通两相邻变配电所间的主要为沿线铁路通信信号设备供电的高压电力线路

D．综合负荷贯通线路是连通两相邻变配电所间的主要为沿线铁路通信信号设备供电的高压电力线路

E．在铁路线路附近进行电缆敷设常用敷设方式有：电缆拖车敷设、绞磨机牵引敷设、人工敷设等方式

1C417020　铁路电力牵引供电工程

 复习要点

1．牵引变电所

2．接触网

3．供电调度系统

一　单项选择题

1．在钢构架组立施工中，横梁应平直，弯曲度不应大于其对应长度的 5‰，构架与设备支架应垂直，倾斜度不应大于其高度的（　　）。

A．15‰　　　　　　B．10‰

C．5‰　　　　　　 D．3‰

2．扁钢接地网及接地干线安装时，地中水平接地体与建筑物的距离不宜小于（　　）m。

A．1　　　　　　　B．1.5

C．2　　　　　　　D．2.5

3．变压器是利用电磁感应原理来改变交

流电压的装置，主要功能除电流变换、阻抗变换、隔离、稳压外还应包括（   ）。

A. 电压变换　　　B. 储存电能

C. 电容增加　　　D. 功率提高

4. 在电力系统中，三相交流母线 B 相和直流母线负极颜色分别为（   ）。

A. 绿色、蓝色　　B. 红色、赭色

C. 黄色、灰色　　D. 紫色、黑色

5. 真空断路器主要包含三大部分，除电磁或弹簧操纵机构和支架外还应包括（   ）。

A. 真空灭弧室　　B. 合闸线圈

C. 触头　　　　　D. 电流互感器

6. 交、直流屏盘柜安装时成列盘、柜面不平度允许偏差为（   ）mm。

A. 1　　　　　　B. 1.5

C. 2　　　　　　D. 5

7. 综合自动化系统实现对全变电站的主要设备和输配电线路的自动监视、测量、自动控制和微机保护以及与调度通信等综合性的自动化功能，利用的技术包括电子技术、通信设备及信号处理技术和（   ）。

A. 计算机技术　　B. 工控技术

C. 人工智能技术　D. 大数据技术

二 多项选择题

1. 变压器是利用电磁感应的原理来改变交流电压的装置，主要功能除电流变换、阻抗变换外还应包括（   ）。

A. 电压变换　　　B. 稳压

C. 隔离　　　　　D. 功率变换

E. 增加电容

2. 下列电器设备中，属于铁路牵引供电用高压电器设备的有（   ）。

A. 高压断路器　　B. 合闸线圈

C. 隔离开关　　　D. 高压熔断器

E. 电流互感器

3. 高压电器在高压线路中除实现关合、量测功能外还包括（   ）功能。

A. 开断　　　　　B. 保护

C. 控制　　　　　D. 调节

E. 吹弧

4. 接触网悬挂类型按照接触线、承力索的相对位置分为（   ）悬挂。

A. 直链型　　　　B. 半斜链型

C. 防窜型　　　　D. 斜链型

E. 防断型

5. 接触网的供电方式分为（   ）。

A. 双边供电　　　B. 单边供电

C. 越区供电　　　D. 并联供电

E. 串联供电

6. 接触网腕臂支柱按照在接触网中的作用可分为（   ）等。

A. 中间柱　　　　B. 转换柱

C. 中心柱　　　　D. 道岔柱

E. 柱格构

7. 我国接触网补偿装置分为（   ）。

A. 液压式　　　　B. 滑轮式

C. 棘轮式   D. 弹簧式   E. 防滑型

E. 电动式   9. 接触网定位器按照结构分为（   ）。

8. 接触网中心锚结种类可以分为（   ）。   A. 普通定位器   B. 限位定位器

A. 两跨式   B. 防断型   C. 特型定位器   D. 软定位器

C. 三跨式   D. 防窜型   E. 硬定位器

1C417030 铁路通信工程

 复习要点

1. 铁路通信技术
2. 通信接口设计
3. 通信施工技术
4. 通信系统测试

一 单项选择题

1. 通信网按铁路运营方式可分为（   ）。   之间的接口为（   ）。

A. 公用通信网和专用通信网   A. Un 接口   B. IP 接口

B. 固定网和移动网   C. A 接口   D. Um 接口

C. 模拟通信网和数字通信网   4. 光纤通信选用的波长范围在 800~1800nm，

D. 广域网、城域网和局域网   并称 800~900nm 为短波长波段，主要

2. 通信传输介质分为有线介质和无线介质   用 850nm 一个窗口。1300~1600nm 为

两大类，下列属于有线介质传输方式的   长波长波段，主要有（   ）两个窗口。

是（   ）。   A. 1300nm 和 1540nm

A. 光纤   B. 无线电   B. 1310nm 和 1550nm

C. 微波   D. 红外线   C. 1320nm 和 1560nm

3. GSM 通信系统主要由移动交换子系统   D. 1330nm 和 1570nm

（NSS）、基站子系统（BSS）和移动台   5. 交流电源线 A、B、C 三相的色谱分别

（MS）三大部分组成。其中 NSS 与 BSS   为（   ）、不接地中性线为紫色、接

地中性线为黑色。

A. 黄色、绿色、蓝色

B. 黄色、绿色、红色

C. 绿色、蓝色、红色

D. 绿色、黄色、蓝色

 多 项 选 择 题

1. 在通信网中，所谓拓扑结构是指构成通信网的节点之间的互联方式。其基本的拓扑结构有（　　）等。

   A. 网状网　　　　B. 星形网

   C. 环形网　　　　D. 直线网

   E. 局域网

2. 最基本的光纤通信系统由（　　）组成。

   A. 光信号源　　　B. 光功率计

   C. 光发射机　　　D. 光接收机

   E. 光纤线路

3. 通信系统主要包括（　　）等。

   A. 电源子系统　　B. 传输子系统

   C. 接入网子系统　D. 无线通信子系统

   E. 局域网子系统

1C417040　铁路信号工程

复 习 要 点

1. 铁路信号技术

2. 信号工程施工

3. 综合接地

 单 项 选 择 题

1. 下列 CTCS 体系结构中，属于以 CTCS 为行车安全保障基础，通过通信网络实现对列车运行控制和管理的是（　　）。

   A. 铁路运输管理层

   B. 网络传输层

   C. 地面设备层

   D. 车载设备层

2. 驼峰作为解体列车的一种手段，被广

泛应用在铁路枢纽的列车编组作业中。采用半人工准备溜放进路，人工控制车辆减速器进行制动的作业方式属于（　　）。

A．简易驼峰　　　B．机械化驼峰

C．半自动化驼峰　D．自动化驼峰

二　多项选择题

1．铁路信号设备主要包括（　　）。

A．转辙机　　　　B．调度指挥车

C．信号机　　　　D．信号继电器

E．电源屏

2．车站联锁技术经历的发展阶段包括（　　）。

A．机械联锁　　　B．电锁器联锁

C．电气集中联锁　D．微机联锁

E．车载设备联锁

参 考 答 案

【1C417010　参考答案】

一、单项选择题

1	2	3	4	5	6
C	B	C	D	B	C
7	8	9	10	11	
B	C	D	D	B	

二、多项选择题

1	2	3	4
B、D	A、B、D、E	B、D	A、C
5	6	7	8
B、C、D	A、D	B、D、E	B、C、E

【1C417020　参考答案】

一、单项选择题

1	2	3	4	5	6
D	B	A	A	A	D
7					
A					

二、多项选择题

1	2	3	4
A、B、C	A、C、D	A、B、C、D	A、B、D
5	6	7	8
A、B、C、D	A、B、C、D	B、C、D	B、D
9			
A、B、C、D			

【1C417030　参考答案】

一、单项选择题

1	2	3	4	5	
A	A	C	B	B	

二、多项选择题

1	2	3	
A、B、C	C、D、E	A、B、C、D	

【1C417040　参考答案】

一、单项选择题

1	2			
A	B			

二、多项选择题

1	2		
A、C、D、E	A、B、C、D		

1C420000 铁路工程项目施工管理

1C420010 铁路工程项目施工组织部署

 复习要点

1. 铁路工程项目施工任务分解
2. 铁路工程标准化项目部的组建及人员配置
3. 铁路工程标准化架子队的组建及人员配置
4. 铁路工程项目总平面布置
5. 铁路工程项目临时施工场地的布置
6. 铁路工程项目驻地的布置
7. 铁路工程项目临时施工道路布置
8. 铁路工程项目临时电力设施布置
9. 铁路工程项目其他临时设施布置

一 单项选择题

1. 关于项目经理部的说法，正确的是（   ）。
   A. 项目经理仅对质量安全负责
   B. 项目经理部是企业常设机构
   C. 项目经理部具有独立责权利
   D. 项目经理部具备法人资格

2. 下列选项中，属于施工组织设计中施工进度计划编制内容的是（   ）。

   A. 关键线路安排　　B. 施工方法确定
   C. 施工任务分解　　D. 施工区段划分

3. 施工队伍部署要求工人徒步上班路途应控制在（   ）以内。
   A. 1km　　　　　　B. 2km
   C. 3km　　　　　　D. 5km

4. 关于施工任务分解应遵循的原则的说法，正确的是（   ）。

A. 按专业齐全的原则设置

B. 考虑现场考核兑现因素

C. 有利于资源的合理配置

D. 便于材料采购计划编制

5. 铁路便道干线交通量平均每昼夜为（　　）以下时，可采用单车道标准。

A. 100 辆　　　　B. 150 辆

C. 200 辆　　　　D. 250 辆

6. 复杂的站场工程进行施工任务分解，首先应当开展的工作是（　　）。

A. 划分施工区段　B. 计算工程数量

C. 划分施工单元　D. 划分工程类别

7. 关于施工任务分解的基本要求的说法，错误的是（　　）。

A. 施工任务分解要保证工期的要求

B. 施工区段的大小要便于资源配置

C. 分解时宜在车站内及曲线上划段

D. 各区段的工程任务量要尽量均衡

8. 关于铁路建设项目架子队组建程序说法，错误的是（　　）。

A. 公司根据中标工程任务等情况，确定架子队数量及人员规模

B. 架子队根据项目经理部指定的作业任务合理设置作业班组

C. 项目经理部在工程开工前应明确架子队内部机构设置

D. 项目经理部与劳务承包企业依法签订劳务承包合同

二　多项选择题

1. 施工组织设计中施工方案内容包括（　　）。

A. 施工区段划分　B. 施工方法确定

C. 施工顺序安排　D. 流水施工组织

E. 关键线路安排

2. 关于施工现场组织机构设置的说法，正确的有（　　）。

A. 一般按项目、工区、作业层三个层次设置

B. 可根据工程任务的大小划分若干管理层次

C. 按项目管理层、工区管理层、工班作业层设置

D. 任务量较小时，工区管理层可以简单设置

E. 任务量较小时，可只设项目和工班两个层次

3. 临时施工场地位置的选择应遵循的原则有（　　）。

A. 选择交通便利地段，减少二次倒运

B. 满足防洪、排水要求，确保施工安全

C. 利用耕地达到节约临建费用的目的

D. 尽量避开居民区，减少对居民的干扰

E. 避开软基、落石区等不良地质环境

4. 下列选项中，属于施工组织设计主要内容的有（　　）。

A. 施工进度计划　B. 施工方案

C. 施工现场布置　D. 资源配置

E. 施工成本预算

5. 铁路施工项目上场前开展施工队伍配置

工作，其主要作用有（　　）。

A．有利于编制组织机构

B．有利于编制劳动力计划

C．可以确定施工单位数量

D．可以明确工程任务划分

E．可以提前确定施工顺序

6．施工队伍部署前应开展的工作包括（　　）。

A．划分施工管段　　B．选择施工驻地

C．明确施工任务　　D．划分施工工区

E．路基地段清表

1C420020　铁路工程项目施工方案的编制

 复习要点

1．路基工程施工方案的编制

2．桥涵工程施工方案的编制

3．隧道工程施工方案的编制

4．轨道工程施工方案的编制

5．电力工程施工方案的编制

6．电力牵引供电工程施工方案的编制

7．通信工程施工方案的编制

8．信号工程施工方案的编制

一　单项选择题

1．路基填筑压实的主要施工机械不包括（　　）。

A．压实机械　　B．平整机械

C．洒水车　　　D．钻孔机械

2．隧道工程中的软弱围岩地段的施工一般采用：管超前、（　　）、短进尺、强支护、勤量测等综合施工措施。

A．快出渣　　　B．快排水

C．严注浆　　　D．快衬砌

3．铁路顶进桥涵施工，要根据现场实际情况和设计图纸，采用（　　）施工。

A．整体顶进法或横抬梁法

B．分次顶进法或整体顶进法

C．整体顶进法或中继法

D．中继法或分次顶进法

4．下列量测项目中，属于隧道监控量测必

测项目的是（　　）。

C. 围岩压力　　D. 钢架受力

A. 隧道隆起　　B. 拱顶下沉

 多 项 选 择 题

1. 下列施工方法中，属于路基软基处理的有（　　）。

A. 碎石桩　　　　B. 旋喷桩

C. 搅拌桩　　　　D. 抗滑桩

E. 冲扩桩

2. 营运线轨道施工方案内容包括（　　）。

A. 营运线换轨采取要点封锁，分段人工换轨轨道车配合运轨、间歇施工的方案

B. 营运线换岔采取线外预铺、封锁线路、拆除旧岔同时插入新岔的施工方案

C. 应力放散施工采取滚筒法或综合放散法进行长轨应力放散

D. 无缝线路锁定采取最低轨温法锁定无缝线路

E. 临近营运线的复线铺轨，大多数采取人工铺轨方案

3. 机械化铺轨的主要机械设备有（　　）。

A. 铺轨机　　　　B. 轨排运输车

C. 倒装龙门　　　D. 倒装车

E. 运砟车

4. 通信系统调试分为（　　）阶段。

A. 子系统调试　　B. 单机加电测试

C. 数据加载调试　D. 全程全网调试

E. 传输系统调试

5. 下列专业中，属于牵引变电工程施工前需要进行接口调查和配合的有（　　）。

A. 信号　　　　　B. 接触网

C. 电力　　　　　D. 通信

E. 房建

1C420030　铁路工程项目施工组织进度计划的编制

复 习 要 点

1. 铁路工程项目施工顺序安排

2. 铁路工程项目工期的计算

3. 铁路工程项目进度计划图表的编制

1. 下列隧道施工工序中，属于隧道掘进循环时间计算的工作是（　　）。

   A. 供风管道铺设　　B. 隧道洞内排水

   C. 超前地质预报　　D. 照明线路架设

2. 分项工程的施工进度是指（　　）。

   A. 单位时间内所完成的工程量

   B. 完成该项工程的持续时间

   C. 可以用公式表示为：$D = Q/N \cdot S$

   D. 可以用公式表示为：$S = 1/T$

1. 施工作业顺序安排的原则包括（　　）。

   A. 大型临时设施施工应服从于主体工程施工顺序及节点的要求

   B. 路基、涵洞、桥梁下部结构施工顺序服从于隧道工程的施工顺序

   C. 软土地基处理、大跨连续梁等重点工程，具备开工条件后，先行开工

   D. 长大桥梁分段展开，做到长桥短修，缩短施工周期

   E. 为了确保总工期目标，安排控制工程、重难点工程先行开工

1C420040　铁路工程项目施工资源配置计划的编制

 复 习 要 点

1. 铁路工程项目劳动力配置计划的编制

2. 铁路工程项目材料供应计划的编制

3. 铁路工程项目施工机械设备配置计划的编制

4. 铁路工程项目施工检测仪器配置计划的编制

5. 铁路工程项目临时用地、用水与用电计划的编制

1. 临时用水、用电计划也属于材料计划，其消耗（　　），与工程材料消耗有较大不同。
   A. 仅与施工持续时间有关
   B. 仅与工程量及耗损有关
   C. 不仅与工程量有关，和施工持续时间也有关系
   D. 不仅与工程量有关，和管理方式也有关系

2. 合理选择机械设备是保证施工进度和提高经济效益的前提。一般情况下，当（　　）时应采用先进的、高效率的大型机械设备。
   A. 中标价高　　　B. 中标价低
   C. 工程量大　　　D. 工程量小

3. 一般采用动力用电量的（　　）作为生活的总用电量。
   A. 1%～3%　　　B. 3%～5%
   C. 5%～10%　　　D. 10%～15%

1. 施工机械设备的选择应从施工条件考虑机械设备类型与之相符合，施工条件是指（　　）等因素。
   A. 施工场地的地质　B. 地形
   C. 工程量大小　　　D. 施工进度
   E. 施工方案

2. 劳动定额具有（　　）的特点。
   A. 科学性　　　　B. 系统性
   C. 统一性　　　　D. 专业性
   E. 稳定性和时效性

3. 施工临时用水需求计划编制的主要根据是（　　）等因素。
   A. 工程数量　　　B. 职工数量
   C. 机械设备数量　D. 施工工序
   E. 消防和环保要求

4. 铁路工程施工中，临时用电量设备配置要考虑（　　）等因素来配置。
   A. 供电部位　　　B. 变压器的容量
   C. 用电设备的容量　D. 配电导线截面
   E. 内燃发电机的功率

5. 铁路施工常用的测量仪器有（　　）。
   A. GPS 全球定位仪　B. 全站仪
   C. 经纬仪和水准仪　D. RTK 测量系统
   E. 隧道断面仪和激光照准仪

6. 施工机械设备类型按动力装置形式可分为（　　）。
   A. 电动式　　　　B. 内燃式
   C. 气动式　　　　D. 液压式
   E. 数字式

7. 下列设备中，用于隧道二次衬砌施工的机械设备有（　　）。
   A. 混凝土湿喷机　B. 混凝土输送泵
   C. 混凝土运输车　D. 多功能台架
   E. 砂浆拌和机

1C420050 铁路工程项目管理措施的编制

复习要点

1. 铁路工程项目质量管理措施的编制
2. 铁路工程项目安全管理措施的编制
3. 铁路工程项目工期控制措施的编制
4. 铁路工程项目环境保护措施的编制
5. 铁路工程项目文明施工措施的编制

一 单项选择题

1. 某段路基位于平缓山地，为长 200m、最大开挖深度 5m 的土石路堑。下列属于该段工程关键工序的是（　　）。
   A. 基底处理　　　B. 软土地基
   C. 路堑开挖　　　D. 边坡防护

2. 在有瓦斯的隧道内，绝不允许用自然通风，必须采用机械通风，使瓦斯浓度稀薄到爆炸浓度的（　　），达到允许浓度含量的要求。
   A. 1/3～1/10　　　B. 1/4～1/10
   C. 1/5～1/10　　　D. 1/6～1/10

二 多项选择题

1. 隧道工程的关键工序有（　　）。
   A. 光面爆破　　　B. 隧道支护
   C. 围岩加固　　　D. 隧道衬砌
   E. 注浆加固

2. 某大断面铁路隧道有挤压性软岩地质地段，为防止发生大变形，其工程需要采取的控制技术措施主要有（　　）。
   A. 短开挖、强支护，环环及时封闭

   B. 通过架立钢架、网喷等措施加强初期支护

   C. 加大预留变形量，允许初期支护后有较大变形

   D. 采用注浆对隧道四周及掌子面进行固结加固

   E. 在喷混凝土层设纵向槽缝并采用可缩式钢架

3. 某施工现场的文明施工做得很好，总结发现其现场文明施工内容与要求做到了（　　）。

A. 施工平面规划规范、合理，施工作业规范

B. 安全警示规范、齐全，现场材料堆放条理有序

C. 机械设备停放集中有序，资料收集完整齐全

D. 现场宣传教育内容齐全、醒目、规范

E. 人员的素质大大提高

1C420060　铁路工程项目施工质量管理措施

 复习要点

1. 路基施工质量管理措施
2. 桥涵施工质量管理措施
3. 隧道施工质量管理措施
4. 轨道施工质量管理措施
5. 电力施工质量管理措施
6. 电力牵引供电施工质量管理措施
7. 通信施工质量管理措施
8. 信号施工质量管理措施

一　单项选择题

1. 铁路项目工程质量计划应由（　　）主持编制。

A. 公司总工程师

B. 项目经理

C. 项目总工程师

D. 项目安质部部长

2. 路基工程施工质量控制中，相关专业工序之间的交接检验应经（　　）检查认可，未经检查或检查不合格的不得进行下道工序施工。

A. 岩土工程师　　B. 监理工程师

C. 结构工程师　　D. 项目经理

3. 铁路隧道工程中，施工单位应对下列（　　）五项指标进行检验，监理单位按规定进行平行检验或见证取样检测。

A．测量准确度、衬砌厚度、强度、衬砌背后回填密实度及防水效果

B．隧道限界、衬砌厚度、强度、衬砌背后回填密实度及防水效果

C．初期支护、衬砌厚度、强度、衬砌背后回填密实度及防水效果

D．初期支护、隧道限界、衬砌强度、衬砌背后回填密实度及防水效果

二 多项选择题

1．下列技术工作中，属于施工生产阶段质量管理内容的有（　　）。

A．图纸审查　　　B．技术交底

C．工程测量　　　D．变更设计

E．试车检验

2．桥涵工程质量控制时，施工单位应对（　　）等涉及结构安全和使用功能的分部工程进行检验，监理单位按规定进行平行检验或见证取样检测。

A．地基与基础　　B．墩台

C．制梁　　　　　D．架梁

E．护栏

3．铁路工程项目部在编制质量控制文件时，应该做到的事项是（　　）。

A．项目经理应主持编制，相关职能部门参加

B．项目部主要人员参加

C．以业主质量要求为重点

D．体现工序及过程控制

E．体现投入产出全过程

4．铁路工程质量管理中为便于管理经常划分成几个阶段，正确划分的质量管理阶段有（　　）。

A．施工准备阶段　B．施工生产阶段

C．竣工验收阶段　D．回访与保修阶段

E．工程建设阶段

5．在编制铁路工程质量计划时，计划的主要内容应该有（　　）等。

A．编制依据、项目概况

B．质量目标、组织机构

C．必要的质量控制手段

D．完善质量计划的程序

E．完工后工务维修措施

6．隧道工程质量控制时，施工单位应对（　　）等涉及结构安全和使用功能的分部工程及关键项目进行检验，监理单位按规定进行平行检验或见证取样检测。

A．隧道限界

B．衬砌厚度、强度

C．衬砌背后回填

D．监控量测

E．防水

7．下列情形中，属于变电所母线及绝缘子施工中质量控制的项目有（　　）。

A．母线及金具的规格、型号、质量

B．绝缘子的规格、型号、质量

C．母线连接口的引出方向

D．母线的相序及相色标志

E．母线的相间及对地安全净距

1C420070 铁路新线施工安全管理措施

复习要点

1. 新线路基施工安全控制措施
2. 新线桥涵施工安全控制措施
3. 新线隧道施工安全控制措施
4. 新线轨道施工安全控制措施
5. 新线电力施工安全控制措施
6. 新线电力牵引供电施工安全控制措施
7. 新线通信施工安全控制措施
8. 新线信号施工安全控制措施
9. 新线施工安全事故应急救援预案

一 单项选择题

1. 关于路堑开挖施工安全要求的说法，错误的是（　　）。
   A. 应自上而下分级分层开挖，严禁掏底开挖
   B. 出现滑动等迹象时应停止施工，作业人员撤离至安全地带
   C. 施工如遇地下水涌出，应先开挖，后排水
   D. 作业面应相互错开，严禁上下重叠作业

2. 在墩（台）高度（　　）m 及以上的高处作业应搭设高处作业爬梯，不得使用汽车式起重机、塔式起重机等起重机械吊送人员。
   A. 2
   B. 3

   C. 4
   D. 5

3. 衬砌施工作业面用电应符合临时用电的要求，照明应满足安全作业的需要，衬砌作业面及前后（　　）m 范围照度不得低于（　　）lx。
   A. 10，10
   B. 20，20
   C. 30，30
   D. 40，40

4. 无缝线路整理作业，应在满足无缝线路作业轨温条件下进行。关于作业轨温条件的说法，正确的是（　　）。
   A. 当轨温低于实际锁定轨温 30℃以下时，伸缩区和缓冲区禁止进行整理作业
   B. 当轨温高于实际锁定轨温 30℃以上时，禁止进行无缝线路轨道整理作业
   C. 当轨温低于实际锁定轨温 20℃以下

时，伸缩区和缓冲区禁止进行整理作业

D. 跨区间无缝线路上的无缝道岔尖轨及其前方 30m 范围内综合整理，应在实际锁定轨温 ±15℃内进行作业

5. 在线监测及环境安全系统主要有在线绝缘监测盘组立、室外检测单元安装、线缆敷设连接及（　　）等几项施工内容。

A. 基础浇筑　　　B. 杆塔组立

C. 系统调试　　　D. 设备吊装

6. 安全监控视频系统的施工步骤依次为：盘柜组立、检测元件安装、线槽布设及系统布线、配线和系统调试，其中最关键工序是（　　）。

A. 盘柜组立　　　B. 元件安装

C. 线槽布设　　　D. 系统调试

7. 当邻线未封锁时，作业车任何部位不得侵入（　　），作业平台不得向邻线方向旋转。

A. 邻线建筑限界　B. 邻线外侧限界

C. 邻线机车限界　D. 邻线内侧限界

8. 使用发电机、振捣器、搅拌机时必须设置（　　），并设专人负责，使用前必须检查电源开关、电线和电缆绝缘状况，电机、接地线以及搅拌机的防护罩、离合器和制动装置等，确认良好后方可作业。

A. 空气开关　　　B. 跌落开关

C. 闸刀　　　　　D. 漏电保护开关

二 多项选择题

1. 下列施工安全要求中，属于路堑开挖施工安全要求的有（　　）。

A. 应自上而下分级分层开挖，严禁掏底开挖

B. 坡面有地下水出露时，应做好引排设施

C. 施工如遇地下水涌出，应先排水，后开挖

D. 每级边坡开挖完成后，应进行一次清坡、测量、检查

E. 路堑挖方弃土不得随意堆置

2. 关于路堤施工安全要求的说法，正确的有（　　）。

A. 路堤施工应遵循永临结合的原则，先做好防、排水系统

B. 路基填筑施工各区段内严禁几种作业交叉进行

C. 配合机械作业的人员，应在机械回转半径以外工作

D. 应先施工路堤后施工护道并分层填筑压实

E. 填筑地面横坡陡于 1∶3 的路堤地段，应控制填筑速率

3. 关于桥梁墩（台）施工安全的说法，正确的有（　　）。

A. 墩（台）身模板应进行专项设计和检算

B. 墩（台）施工靠近既有道路时应设置安全隔离设施和警示标志

C. 墩（台）高度 5m 及以上的高处作

业应搭设高处作业爬梯

D. 施工弃土（渣）严禁倾倒在墩台一侧，避免偏压

E. 拆除的支架杆（构）件应安全传递至地面，严禁抛掷

4. 危险性较大的工程及采用新工艺、新技术、新材料、新设备施工前，应按规定编制专项施工方案。下列施工项目中，属于危险性较大桥梁工程的有（　　　）。

A. 钢围堰　　　　B. 深基坑

C. 挖孔桩　　　　D. 旋喷桩

E. 沉井

5. 下列安全措施中，属于有缝线路铺设安全要求的有（　　　）。

A. 预留轨缝应使用轨缝卡具，不应用手触探

B. 安装接头夹板螺栓时，不应用手摸探螺栓孔眼

C. 施工现场的动火作业应执行动火审批制度

D. 长钢轨运输应制定运行监护、停车检查等安全制度

E. 当利用架桥机铺设轨排时，应遵守架桥机铺设轨排时的安全操作规程

6. 施工单位应根据所承担铁路建设工程的危险源状况、风险类型和等级、可能发生的事故等，有针对性地制定综合应急预案和专项应急预案，以及危险性较大的重点工作岗位的现场处置方案。现场处置方案应包括（　　　）。

A. 危险性分析

B. 应急处置程序

C. 应急处置要点

D. 可能发生的事故特征

E. 应急培训及预案演练

7. 避雷针安装施工安全要求有（　　　）。

A. 避雷针的焊接和组立应设专人操作和指挥

B. 避雷针进行整体连接或焊接时，应在地面上进行操作

C. 避雷针组立前应进行可靠接地，防止遭受意外雷击

D. 起吊避雷针时应在避雷针底部配重，起吊部位应采取加强措施

E. 立起后要及时将地脚螺栓拧紧，在未拧紧前吊车不得摘钩

8. 在电气试验施工中应采取的安全措施有（　　　）。

A. 在做高压试验前准备好接地线、放电棒、绝缘工具

B. 试验用电源开关闸刀，在断开位置时手柄应大于60°

C. 在试验现场周围应设置围栏并悬挂警示标志牌

D. 高压试验时，应确认被试设备额定电压和试验电压

E. 试验结束后，应先对被试设备放电后拆除地线

1C420080　铁路营业线施工安全管理措施

复习要点

1. 营业线路基施工安全控制措施
2. 营业线桥涵施工安全控制措施
3. 营业线隧道施工安全控制措施
4. 营业线轨道施工安全控制措施
5. 营业线电力施工安全控制措施
6. 营业线电力牵引供电施工安全控制措施
7. 营业线通信施工安全控制措施
8. 营业线信号施工安全控制措施
9. 营业线施工安全事故应急救援预案

一 单项选择题

1. 凡涉及营业线施工的,必须按规定设置防护。驻站联络员与工地防护员必须严格执行(　　)制度。
   A."呼唤、复诵"和"预报、确报、应答"
   B."呼唤、应答"和"预报、确报、复诵"
   C."预报、应答"和"呼唤、确报、复诵"
   D."预报、复诵"和"呼唤、确报、应答"

2. 改建营业线施工中,施工单位应对施工区域内影响施工作业的既有设备采取防护措施。(　　)应派员对施工过程进行安全监督。
   A. 建设单位　　　　B. 设计单位
   C. 监理单位　　　　D. 设备管理单位

3. 营业线路基加固采取桩体加固类型时,应根据与营业线的距离,施工顺序是(　　)。
   A. 由近及远逐排跳桩施工
   B. 由远及近逐排跳桩施工
   C. 由近及远逐排顺序施工
   D. 由远及近逐排顺序施工

二 多项选择题

1. 下列施工措施中，属于营业线路基工程施工机械设备的管理、使用及防护要求的有（　　）。

　　A．大型机械实行"一机一人"防护

　　B．夜间施工应有足够的照明及防护设施

　　C．雨、雪天气施工应采取安全措施防止大型机械滑溜、侧翻

　　D．施工机械设备发生变更调整的，应报设备管理单位审批

　　E．机械作业完成后应及时撤离现场，严禁靠近营业线停放

2. 下列施工措施中，符合线路封锁施工要求的有（　　）。

　　A．按批准的线路加固方案做好各项准备工作

　　B．根据批准的施工项目，做好超前施工准备

　　C．严格落实要点登记手续，确认后方可施工

　　D．开通前，按规定进行安全质量检查验收

　　E．开通后，按规定安排专人巡查整修线路

3. 下列施工措施中，符合增建二线线路拨接施工安全要求的有（　　）。

　　A．根据设计资料，施工单位应组织相关人员对拨接现场进行复查

　　B．线路拨接前，待开通新建线路（除拨接地段外）应按标准进行验收

　　C．拨接准备工作不得影响行车安全，严禁超前和超范围准备

　　D．对可能影响轨道电路的作业工机具应加装绝缘保护

　　E．拨接施工后 12h 内，施工单位应配合设备管理单位巡养线路

4. 下列施工措施中，符合铺架设备运行及作业安全要求的有（　　）。

　　A．铺轨机或架桥机进退机时，施工负责人应在现场监控

　　B．铺轨架桥作业遇到线间距小于 4.2m 时，应采用线路正铺的方式

　　C．在新铺线路上，铺轨机或架桥机自轮运转速度不得大于 20km/h

　　D．在线路并行地段立倒装龙门架时，严禁利用列车间隔时间进行作业

　　E．在小半径曲线的内曲线和小线间距的地段，应采用拨移施工线路等措施

5. 施工单位在铁路营业线施工前必须与铁路设备单位签订的协议有（　　）。

　　A．施工承包协议　　B．施工安全协议

　　C．施工质量协议　　D．施工监护协议

　　E．施工配合协议

6. 在带电线路杆塔上或带电设备附近作业，正确的安全距离包括（　　）。

　　A．10kV 及以下安全距离为 0.7m

　　B．20～35kV 安全距离为 1.0m

　　C．60～110kV 安全距离为 2.0m

　　D．220kV 安全距离为 4.0m

　　E．330kV 安全距离为 6.0m

7. 保障停电作业安全的技术措施有（　　）。

　　A．停电　　　　　　B．验电

　　C．接地　　　　　　D．设置标识牌

　　E．设置隔离措施

1C420090 铁路工程项目施工进度管理要求及方法

◆ 复习要点

1. 铁路工程项目施工进度管理要求
2. 铁路工程项目施工进度管理方法

一 单项选择题

1. 在铁路工程项目站前工程施工中，线上工程工期主要是指（　　）的工期。

   A. 路基工程　　　B. 桥涵工程
   C. 隧道工程　　　D. 铺架工程

二 多项选择题

1. 铁路工程施工工期控制方法有（　　）。
   A. 建立工期控制组织机构
   B. 制定总工期和里程碑工期目标
   C. 编制实施性进度计划
   D. 明确关键线路、制定控制措施
   E. 周期性检查、分析、调控进度

2. 铁路工程施工进度计划常用的编制表达方法有（　　）。
   A. 网络图计划　　B. 横道图计划
   C. 形象图计划　　D. 曲线图计划
   E. 斜率图计划

3. 关于铁路工程工期的说法，正确的有（　　）。

   A. 站前工程工期包括钢轨（不含）以下的桥梁（不含机架梁）、隧道、路基、道砟工程施工工期
   B. 站前工程是以轨道工程铺通并能行车为目标的工期
   C. 只有线下工程完成后才可以铺架
   D. 铺架工程属于站前工程但不属于线下工程
   E. 站后工程是指铺架工程及铺架后所要做的铁路工程

1C420100 铁路工程项目合同管理要求及方法

复习要点

1. 铁路工程项目合同管理要求
2. 铁路工程项目合同管理方法

一 单项选择题

1. 下列工种中，属于特种作业人员的是（　　）。
   - A. 模板工
   - B. 钢筋工
   - C. 砌筑工
   - D. 电焊工

二 多项选择题

1. 铁路建设工程承包合同文件的组成包括（　　）。
   - A. 招标文件
   - B. 合同协议书
   - C. 中标通知书
   - D. 投标函及投标函附录
   - E. 技术标准和要求

2. 铁路工程实行总价承包，下列可调整合同价格的情形有（　　）。
   - A. 建设方案调整
   - B. 建设标准调整
   - C. 建设规模调整
   - D. 施工组织调整
   - E. 施工工艺改变

3. 总承包风险费是指由总承包单位为支付风险费用计列的金额，风险费用包括的内容有（　　）。

   - A. 非不可抗力造成的损失及对其采取的预防措施费用
   - B. 非发包人供应的材料、设备除政策调整以外的价差
   - C. 实施性施工组织设计调整造成的损失和增加的措施费
   - D. 工程保险费
   - E. 非承包人原因引起的 I 类变更设计

4. 关于劳务合同管理的说法，正确的有（　　）。

   - A. 项目部应配备专（兼）职劳务管理人员，负责劳务企业用工主体资格、劳务人员劳动关系建立及工资发放等监管，按有关规定报上级和相关单位备案
   - B. 公司和项目部在引入劳务承包企业

与劳务派遣公司时，应检查验证劳务承包企业和劳务派遣公司与劳务人员签订的劳动合同

C. 公司和项目部应监管劳务承包企业与劳务派遣公司的资质证照，确认其在履约期间始终具备合法、有效的用工主

体资格，杜绝非法用工

D. 项目部和架子队要落实劳务人员工伤和人身意外伤害保险，项目部及时为劳务人员缴纳社会保险

E. 公司和项目部与零散劳务工签订的劳动合同须符合劳动法的规定

1C420110　铁路工程造价管理要求及方法

 复习要点

1. 铁路工程造价管理要求
2. 铁路工程造价管理方法

一 单项选择题

1. 铁路工程价格信息，由工程造价管理机构收集、整理、分析，并（　　）铁路工程主要材料价格信息。
   A. 按月度发布　　B. 按季度发布
   C. 按年度发布　　D. 不定期发布
2. 单价承包模式下工程量清单中所列工程

数量仅作为（　　）。
   A. 最终计价的依据
   B. 实际完成的数量
   C. 投标的共同基础
   D. 计划完成的数量

二 多项选择题

1. 铁路工程造价标准包括（　　）。
   A. 办法规则　　B. 企业定额
   C. 费用定额　　D. 技术文件

   E. 价格信息
2. 下列清单编制要求中，符合工程量清单编制一般规定的有（　　）。

A．工程量清单是编制招标文件的基础

B．工程量清单应当按统一的格式编制

C．清单中综合单价应按规范相关规定编制

D．招标工程量清单的准确性由咨询人负责

E．综合单价包含完成全部工程内容的费用

1C420120 铁路工程项目成本管理要求及方法

 复习要点

1．铁路工程项目成本管理要求
2．铁路工程项目成本管理方法

一 单项选择题

1．铁路工程项目施工成本核算的主要方法不包括（　　）。

A．会计核算　　B．统计核算

C．业务核算　　D．双轨制核算

二 多项选择题

1．公司成本管理工作的主要内容包括（　　）。

A．编制成本预算　B．实行动态监控

C．成本目标分解　D．实施限额发料

E．投标成本测算

2．项目经理部成本管理工作的内容包括（　　）。

A．开展项目管理策划和施工方案优化工作

B．按企业定额测算成本做好标前成本控制

C．中标后及时开展现场施工组织策划工作

D．定期开展劳务队成本核算、成本分析工作

E．限额发料、日清月结并进行节超分析

3．下列材料管理措施中，属于材料用量控

制的措施有（　　）。

 A．实行限额领料制度

 B．合理确定进货批量

 C．做好计量验收工作

 D．推行新技术新工艺

 E．合理堆放减少搬运

4．成本分析报告的内容应与成本核算对象

的划分和成本核算内容相一致。应包括的内容有（　　）。

 A．人工费分析

 B．材料费分析

 C．周转性材料费用分析

 D．机械费分析

 E．变更设计分析

1C420130　铁路工程项目环境保护管理要求及措施

 复习要点

1．铁路工程项目环境保护管理要求

2．铁路工程项目环境保护管理措施

一　单项选择题

1．铁路（　　）都有保护和改善环境的责任和义务。

 A．一切单位和职工

 B．环境保护部门

 C．养护部门

 D．单位主管领导

二　多项选择题

1．在环保工程与主体工程的建设中，要做到（　　）。

 A．同时设计 B．同时施工

 C．同时投入生产 D．同时使用

 E．同时完工

2．铁路环境保护工作必须贯彻的方针包括（　　）。

 A．全面规划 B．综合布局

 C．预防为主 D．全面治理

 E．强化管理

1C420140 铁路工程项目文明施工管理要求及措施

 复 习 要 点

1. 铁路工程项目文明施工管理要求
2. 铁路工程项目文明施工管理措施

一 单 项 选 择 题

1.（   ）单位应结合施工环境、条件，
认真进行施工现场文明形象管理的总体
策划、设计、布置、使用和管理。

A. 施工　　　　B. 监理
C. 养护　　　　D. 设计

二 多 项 选 择 题

1. 施工现场应设置"五牌一图"，下列
选项中属于"五牌一图"内容的有
（   ）。

A. 工程概况牌　　B. 安全生产牌
C. 文物保护牌　　D. 消防保卫牌
E. 施工现场平面图

1C420150 铁路工程项目现场技术管理要求及方法

 复 习 要 点

1. 铁路工程项目现场技术管理要求
2. 铁路工程项目现场技术管理方法

1. 铁路工程现场完整的技术管理内容包括技术基础管理工作、（　　　）、技术开发管理工作和技术总结。
   A. 安全与质量管理工作
   B. 测量与试验管理工作
   C. 施工组织设计工作

   D. 施工过程技术管理工作

2. 技术管理工作由项目管理机构（　　　）全面负责。
   A. 项目经理　　　B. 总工程师
   C. 各专业技术主管　D. 监理工程师

1. 施工单位在施工图核对时，重点检查的项目有（　　　）。
   A. 设计文件是否齐全
   B. 设计文件有无差错漏项
   C. 将设计文件与现场核对
   D. 确认设计文件是否符合实际情况
   E. 确认设计标准是否符合规范要求

2. 项目现场技术管理工作，由项目总工程师牵头或全面负责的有（　　　）。
   A. 施工图现场核对
   B. 施工技术调查
   C. 施工材料的采购
   D. 工程竣工验收
   E. 施工技术交底

1C420160　铁路工程项目现场试验管理要求及方法

 复 习 要 点

1. 铁路工程项目现场试验管理要求
2. 铁路工程项目现场试验管理方法

1. 现场试验室建成后，必须经（　　）部
   门验收合格，项目管理机构批准后，方
   可投入使用。
   A. 设计　　　　　B. 监理
   C. 施工　　　　　D. 质检

2. 工程试验和检验工作的管理和监督由
   （　　）部门负责。

   A. 工程技术　　　B. 试验
   C. 安全质量　　　D. 物资

3. 对金属、水泥、道砟等工程材料必须坚
   持（　　）的原则。
   A. 先检验后使用　B. 先使用后检验
   C. 边使用边检验　D. 以上均可

二 多 项 选 择 题

1. 试验管理标准与制度主要包括（　　）。
   A. 材料进场检验制度
   B. 设备进场检验制度

   C. 场地地质情况检验制度
   D. 施工过程中的检测、试验制度
   E. 竣工验收中的检验、试验制度

1C420170　铁路工程项目施工质量验收

复 习 要 点

1. 铁路工程项目施工质量验收内容
2. 铁路工程项目施工质量验收程序

一 单 项 选 择 题

1. 下列质量验收标准中，既适用于新建和
   改建设计速度 200km/h 及以下铁路又

   适用于新建设计速度 250～350km/h 高
   速铁路的是（　　）。

A.《铁路路基工程施工质量验收标准》TB 10414

B.《铁路桥涵工程施工质量验收标准》TB 10415

C.《铁路隧道工程施工质量验收标准》TB 10417

D.《铁路混凝土工程施工质量验收标准》TB 10424

2．单位工程完工后由（   ）项目负责人组织相关单位进行验收。

A．建设单位　　　B．监理单位

C．施工单位　　　D．勘察设计单位

3．工程施工质量验收中，（   ）质量验收是最基本的。

A．分项工程　　　B．检验批

C．分部工程　　　D．单位工程

二　多项选择题

1．铁路工程施工质量验收标准简称验标，是（   ）对工程施工阶段的质量进行监督、管理和控制的主要依据。

A．政府部门

B．专门质量机构

C．仲裁机构

D．建设单位和监理单位

E．勘察设计单位和施工单位

1C420180　铁路工程项目竣工验收

 复习要点

1．铁路工程项目竣工验收条件

2．铁路工程项目竣工验收内容

3．铁路工程项目竣工验收程序

4．铁路工程项目竣工文件编制要求

一 单项选择题

1. 铁路建设项目申请国家验收应在初步验收合格且初期运营（　　）后进行。
   A. 3个月　　　　B. 6个月
   C. 1年　　　　　D. 2年

2. 铁路工程竣工文件编制的组织工作应由（　　）单位负责。
   A. 建设　　　　B. 设计
   C. 施工　　　　D. 监理

二 多项选择题

1. 建设项目管理部门应在建设项目达到国家验收条件后，向国家发展改革委申请国家验收，同时应提供的情况报告内容包括（　　）。
   A. 批准可行性研究报告复印件
   B. 初步验收报告
   C. 初期运营及安全情况
   D. 工程竣工结算审批情况
   E. 档案移交情况

参 考 答 案

【1C420010　参考答案】

一、单项选择题

1	2	3	4	5	6
C	A	C	C	C	D
7	8				
C	D				

二、多项选择题

1	2	3	4
A、B、C、D	A、D	A、B、D、E	A、B、C、D
5	6		
A、B、C、D	A、B、C、D		

【1C420020　参考答案】

一、单项选择题

1	2	3	4		
D	C	C	B		

二、多项选择题

1	2	3	4
A、B、C、E	A、B、C、E	A、B、C、D	A、B、D
5			
B、C、D、E			

【1C420030　参考答案】

一、单项选择题

1	2				
C	A				

二、多项选择题

1			
A、C、D、E			

【1C420040　参考答案】

一、单项选择题

1	2	3			
C	C	C			

二、多项选择题

1	2	3	4
A、B、C、D	A、B、C、E	A、B、C、E	B、D、E
5	6	7	
A、B、C、E	A、B、C	B、C	

【1C420050　参考答案】

一、单项选择题

1	2			
C	C			

二、多项选择题

1	2	3	
A、B、C、D	A、B、C、E	A、B、C、D	

【1C420060　参考答案】

一、单项选择题

1	2	3		
B	B	B		

二、多项选择题

1	2	3	4
B、C、D	A、B、C、D	A、C、D、E	A、B、C、D
5	6	7	
A、B、C、D	A、B、C、E	A、B、D、E	

【1C420070　参考答案】

一、单项选择题

1	2	3	4	5	6
C	A	C	A	C	D
7	8				
A	D				

二、多项选择题

1	2	3	4
A、B、D、E	A、B、C	A、B、D、E	A、B、C、E
5	6	7	8
A、B、C、E	A、B、C、D	A、B、D、E	A、C、D、E

【1C420080　参考答案】

一、单项选择题

1	2	3		
B	D	A		

二、多项选择题

1	2	3	4
A、B、C、E	A、C、D、E	A、B、C、D	A、D、E
5	6	7	
B、D、E	A、B	A、B、C、D	

【1C420090　参考答案】

一、单项选择题

1				
D				

二、多项选择题

1	2	3	
B、C、D、E	A、B、C、E	B、C、D	

【1C420100　参考答案】

一、单项选择题

1				
D				

二、多项选择题

1	2	3	4
B、C、D、E	A、B、C	A、B、C、D	A、B、C、E

【1C420110　参考答案】

一、单项选择题

1	2		
B	C		

二、多项选择题

1	2	
A、C、E	A、B、C、E	

【1C420120　参考答案】

一、单项选择题

1				
B				

二、多项选择题

1	2	3	4
A、B、E	A、D、E	A、C、D、E	A、B、C、D

【1C420130 参考答案】

一、单项选择题

1					
A					

二、多项选择题

1	2		
A、B、C、D	A、C、E		

【1C420140 参考答案】

一、单项选择题

1					
A					

二、多项选择题

1			
A、B、D、E			

【1C420150 参考答案】

一、单项选择题

1	2				
D	B				

二、多项选择题

1	2		
A、B、C、D	A、B、E		

【1C420160 参考答案】

一、单项选择题

1	2	3		
B	C	A		

二、多项选择题

1		
A、B、D、E		

【1C420170 参考答案】

一、单项选择题

1	2	3		
D	A	B		

二、多项选择题

1		
A、B、D、E		

【1C420180 参考答案】

一、单项选择题

1	2			
C	A			

二、多项选择题

1		
A、B、C、E		

1C430000　铁路工程项目施工相关法规与标准

1C430000
扫一扫
看本章精讲课
配套章节自测

1C431000　铁路建设管理法律法规

1C431010　铁路法相关规定

 复习要点

1. 铁路的分类
2. 铁路建设相关要求

单项选择题

1. 按照《中华人民共和国铁路法》规定，我国铁路分为国家铁路、地方铁路、（　）和铁路专用线。

A. 合资铁路　　B. 合营铁路
C. 专有铁路　　D. 专营铁路

1C431020　铁路安全管理条例相关规定

 复习要点

1. 铁路建设质量安全的规定
2. 铁路专用设备质量安全的规定

3. 铁路线路安全的规定

4. 铁路运营安全的规定

5. 监督检查的规定

6. 法律责任的规定

一　单项选择题

1. 新建高速铁路需要与既有普速铁路交叉，优先选择（　　）方案。

   A. 涵洞下穿　　B. 平面交叉

   C. 高速铁路上跨　D. 隧道下穿

2. 在铁路线路路堤坡脚、路堑坡顶、铁路桥梁外侧起向外各（　　）m 范围内，以及在铁路隧道上方中心线两侧各（　　）m 范围内，确需从事露天采矿、采石或者爆破作业的，应当与铁路运输企业协商一致，依照有关法律法规的规定报县级以上地方人民政府有关部门批准，采取安全防护措施后方可进行。

   A. 1000，800　　B. 1000，1000

   C. 800，1000　　D. 800，800

3. 高速铁路线路路堤坡脚、路堑坡顶或者铁路桥梁外侧起向外各（　　）m 范围内禁止抽取地下水。

   A. 100　　　　B. 150

   C. 200　　　　D. 250

二　多项选择题

1. 铁路线路两侧应当设立铁路线路安全保护区。铁路线路安全保护区的范围，从铁路线路路堤坡脚、路堑坡顶或者铁路桥梁（含铁路、道路两用桥，下同）外侧起向外的距离以下叙述正确的有（　　）。

   A. 城市市区高速铁路为 10m，其他铁路为 8m

   B. 城市郊区居民居住区高速铁路为 12m，其他铁路为 10m

   C. 村镇居民居住区高速铁路为 15m，其他铁路为 10m

   D. 村镇居民居住区高速铁路为 15m，其他铁路为 12m

   E. 其他地区高速铁路为 20m，其他铁路为 15m

1C431030 铁路交通事故应急救援和调查处理相关规定

复习要点

1. 事故等级的划分
2. 事故报告的规定
3. 事故应急救援的规定
4. 事故调查处理的规定

一 单项选择题

1. 造成 3 人以上 10 人以下死亡，或者 10 人以上 50 人以下重伤，或者 1000 万元以上 5000 万元以下直接经济损失的事故，属于（ ）。

    A. 特别重大事故 B. 重大事故

    C. 较大事故   D. 一般事故

2. 当发生重大事故时，事故调查组应当按照国家有关规定开展事故调查，并在（ ）日调查期限内向组织事故调查组的机关或者铁路管理机构提交事故调查报告。

    A. 60   B. 30

    C. 20   D. 10

参考答案

【1C431010 参考答案】

单项选择题

1				
C				

【1C431020 参考答案】

一、单项选择题

1	2	3		
C	B	C		

1			
A、B、D、E			

【1C431030　参考答案】

单项选择题

1	2			
C	B			

1C432000　铁路建设管理相关规定

1C432010　铁路基本建设工程设计概（预）算编制相关规定

 复习要点

1. 铁路基本建设工程设计概（预）算编制方法
2. 铁路基本建设工程设计概（预）算费用内容
3. 铁路基本建设工程设计概（预）算其他编制规定

一 单项选择题

1. 设计概（预）算的编制是按三个层次逐步完成的，这三个层次依次为（　　）。

A. 总概（预）算、综合概（预）算、单项概（预）算

B. 单项概（预）算、总概（预）算、综合概（预）算

C. 综合概（预）算、单项概（预）算、总概（预）算

D. 单项概（预）算、综合概（预）算、总概（预）算

2. 基期至设计概（预）算编制期所发生的各项价差，由设计单位在编制概（预）算时，按本办法规定的价差调整方法计算，列入（　　）。

A. 单项概（预）算

B. 总概（预）算

C. 综合概（预）算

D. 按合同约定办理

115

1. 下列费用种类中, 属于静态投资费用种类的是 ( )。

   A. 建筑工程费

   B. 工程造价增长预留费

   C. 安装工程费

   D. 设备购置费

   E. 建设期投资贷款利息

2. 人工费包括 ( )。

   A. 基本工资　　　　B. 津贴和补贴

   C. 差旅交通费　　　D. 职工福利费

   E. 生产工人劳动保护费

3. 施工机械使用费包括 ( ) 等。

   A. 折旧费　　　　　B. 检验试验费

   C. 检修费　　　　　D. 安装拆卸费

   E. 燃料动力费

1C432020　铁路建设工程施工招标投标相关规定

 复习要点

1. 铁路建设工程施工招标条件和招标计划的规定
2. 铁路建设工程施工招标公告和招标文件的规定
3. 铁路建设工程施工投标、开标、评标和定标的规定

1. 铁路工程招标资格审查或招标过程中, 资格预审文件或者招标文件的发售期不得少于 ( ) 日。依法必须进行招标的项目提交资格预审申请文件的时间, 自资格预审文件停止发售之日起不得少于 ( ) 日。

   A. 5, 7　　　　　B. 5, 5

   C. 7, 7　　　　　D. 7, 5

2. 招标人可以对已发出的招标文件进行必要的澄清或者修改。澄清或者修改的内容可能影响投标文件编制的, 招标人应当在投标截止时间至少 ( ) 日前, 以书面形式通知所有获取招标文件的潜在投标人。

   A. 10　　　　　　B. 14

   C. 15　　　　　　D. 20

3．铁路工程项目招标采用施工总价承包方式的，投标人应按招标文件中载明的费用进行报价的费用是（　　）。

A．总承包风险费

B．大临及过渡工程费

C．营业线措施费

D．安全生产费

4．招标人应当在收到评标委员会评标报告之日起（　　）日内公示中标候选人，公示期不得少于（　　）日。

A．3，3　　　　　B．3，5

C．5，3　　　　　D．5，5

5．招标人与中标人签订合同后（　　）日内，铁路公司应将合同送工管中心备案，铁路局管项目管理机构应将合同送铁路局招标办备案。

A．10　　　　　B．14

C．15　　　　　D．20

二 多项选择题

1．铁路工程施工招标应具备的条件有（　　）。

A．建设单位（或项目管理机构）依法成立

B．有相应的资金或资金来源已经落实

C．施工图已经审核合格

D．施工图预算已经核备或批准

E．实施性施工组织设计已经编制完毕

2．铁路工程招标计划包括（　　）。

A．工程概况

B．招标范围

C．成本预算

D．标段划分

E．评标办法

3．下列铁路工程招标原则中，属于标段划分原则的有（　　）。

A．坚持科学合理原则

B．坚持施组优化原则

C．坚持质量第一原则

D．坚持安全第一原则

E．坚持进度优先原则

4．铁路工程资格预审时，不能通过资格审查的情形有（　　）。

A．投标人资质不满足要求

B．被暂停或取消投标资格的

C．没有安全生产许可证的

D．一般工程潜在投标人仅有类似工程业绩的

E．资格预审申请文件无单位盖章的

5．评标委员会应当否决投标的情形有（　　）。

A．投标文件未经投标单位盖章和单位负责人签字

B．投标联合体没有提交共同投标协议

C．投标人不符合国家或者招标文件规定的资格条件

D．投标报价低于成本或者高于招标文件设定的最高投标限价

E．投标文件已对招标文件的实质性要求和条件做出响应

1C432030 铁路建设工程招标投标监管相关规定

复习要点

1. 铁路工程建设项目招标的规定
2. 铁路工程建设项目投标的规定
3. 铁路工程建设项目开标、评标和中标的规定
4. 铁路工程建设项目招标投标监督管理的规定
5. 铁路工程建设项目招标投标法律责任的规定

一 单项选择题

1. 负责全国铁路工程建设项目招标投标活动的监督管理工作的单位是（　　）。
   A. 国铁集团
   B. 国家铁路局
   C. 地方政府
   D. 地区铁路监督局

二 多项选择题

1. 依法必须进行招标的铁路工程建设项目资格预审公告或者招标公告应当载明的内容有（　　）。
   A. 招标项目名称、内容、范围
   B. 投标资格能力要求
   C. 获取资格预审文件的时间
   D. 资格审查委员会成员名单
   E. 递交资格预审文件的截止时间

2. 铁路工程建设项目投标对投标人的要求包括（　　）。
   A. 具备承担招标项目的能力
   B. 具备招标文件规定和国家规定的资格条件
   C. 不得以银行保函方式提交投标保证金
   D. 按照招标文件的要求编制投标文件
   E. 在投标文件中载明中标后拟分包的工程内容

1C432040 铁路建设工程质量管理相关规定

复习要点

1. 施工单位质量责任和义务的规定
2. 铁路建设工程质量事故调查处理的规定

一 单项选择题

1. 发生铁路建设工程质量事故,应当依据国家相关规定调查处理。下列事故调查处理应当执行《铁路交通事故应急救援和调查处理条例》的是( )。

   A. 因质量事故造成人员伤亡并导致公路行车中断

   B. 因质量事故造成人员伤亡未导致公路行车中断

   C. 因质量事故造成人员伤亡并导致铁路行车中断

   D. 因质量事故造成人员伤亡未导致铁路行车中断

2. 铁路建设工程质量事故实行逐级报告制度。下列事故类别中,应逐级上报地区铁路监督管理局的是( )。

   A. 特别重大事故　　B. 重大事故

   C. 较大事故　　　　D. 一般事故

3. 发生铁路建设工程质量事故,建设、施工、监理单位应在事故发生后( )h内,向地区铁路监督管理局报告。

   A. 12　　　　　　　B. 24

   C. 36　　　　　　　D. 48

4. 当承包单位将承包的工程转包并造成铁路建设工程质量一般事故时,应对施工单位处以工程合同价款( )的罚款。

   A. 0.5%

   B. 0.5% 以上 0.7% 以下

   C. 0.7% 以上 1.0% 以下

   D. 1.0%

5. 在铁路建设活动中建造师、监理工程师等注册执业人员因过错造成重大质量事故时,其受到的处罚是( )。

   A. 一年内不得在铁路建设市场执业

   B. 三年内不得在铁路建设市场执业

   C. 五年内不得在铁路建设市场执业

   D. 国家有关部门吊销执业资格

二 多项选择题

1. 关于施工单位质量管理责任和义务的说法，正确的有（　　）。

A. 施工单位不得超越本单位资质许可的业务范围承揽铁路建设工程

B. 实行总承包的，总承包单位应当对全部建设工程质量负责

C. 总承包单位依法将工程分包给其他单位的，分包单位对工程质量负责

D. 以联合体形式承包的，联合体各方就承包工程质量承担连带责任

E. 施工单位应当建立质量责任制，建立健全质量管理体系和管理制度

2. 铁路建设工程质量事故实行分级调查。关于质量事故调查的说法，错误的有（　　）。

A. 特别重大事故由国家铁路局组织调查

B. 重大事故由国铁集团组织调查

C. 较大事故由地区铁路监督管理局组织调查

D. 一般事故由监理单位组织调查

E. 必要时，铁路监管部门应当邀请地方人民政府的有关部门参加事故调查

3. 下列选项中，由地区铁路监督管理局依照《建设工程质量管理条例》第六十四条规定，责令改正的情形有（　　）。

A. 施工单位在施工中偷工减料

B. 施工单位使用不合格的建筑材料

C. 施工单位不按施工技术标准施工

D. 施工单位未对建筑材料进行检验

E. 施工单位未对涉及结构安全的试块取样检测

1C432050　铁路建设工程安全生产管理相关规定

 复习要点

1. 施工单位安全责任的规定
2. 安全事故救援和报告的规定
3. 铁路建设工程安全风险管理的规定

1. 铁路建设项目实行施工（工程）总承包的，由（ ）对施工现场安全生产负总责。
   A. 总承包单位
   B. 工程监理单位
   C. 总承包单位和工程监理单位
   D. 分包单位

2. 组织制定本建设项目的安全事故综合应急救援预案，并定期组织演练是（ ）的责任。

   A. 安全监督检查单位
   B. 建设单位
   C. 施工单位
   D. 工程承包单位

3. 铁路建设工程安全风险管理中规定，工程实施阶段风险防范的主要责任单位是（ ）。
   A. 建设单位　　　B. 勘察设计单位
   C. 监理单位　　　D. 施工单位

1. 根据铁路建设工程安全生产管理办法，必须接受安全培训，考试合格后方可任职的人员包括（ ）。
   A. 现场施工人员
   B. 施工单位主要负责人
   C. 项目经理
   D. 项目技术人员
   E. 专职安全人员

2. 施工单位使用承租的机械设备和施工机具及配件的，由（ ）共同进行验收。验收合格方可使用。
   A. 施工总承包单位
   B. 分包单位
   C. 出租单位
   D. 运输单位
   E. 安装单位

1C432060　铁路营业线施工安全管理相关规定

 复 习 要 点

1. 营业线天窗和慢行的规定

2. 营业线施工等级的划分

3. 营业线施工方案审核程序

4. 营业线工程验收交接的规定

5. 营业线施工安全管理责任的规定

一 单项选择题

1. 在营业线上进行技改工程、线路大中修及大型机械作业时，施工天窗时间不应少于（　　）。

A. 60min B. 70min

C. 90min D. 180min

2. 下列施工项目中，属于普速铁路营业线 I 级施工的是（　　）。

A. 繁忙干线封锁正线 3h 以上大型养路机械作业

B. 繁忙干线和干线其他换梁施工

C. 繁忙干线封锁 2h 的大型上跨铁路结构物施工

D. 繁忙干线封锁 5h 的大型站场改造

3. 营业线施工方案审核确定后，施工单位应当与（　　）按施工项目分别签订施工安全协议。

A. 建设管理单位、行车组织单位

B. 设备管理单位、行车组织单位

C. 设备管理单位、勘察设计单位

D. 建设管理单位、勘察设计单位

4. 施工单位至少在正式施工（　　）h 前向设备管理单位提出施工计划、施工地点及影响范围。

A. 12 B. 24

C. 48 D. 72

二 多项选择题

1. 关于施工和维修天窗安排的说法，正确的有（　　）。

A. 高速铁路每日安排维修天窗

B. 繁忙干线集中修施工时可连续安排施工天窗

C. 普速铁路周一至周六安排维修天窗

D. 图定货物列车对数小于 12 对的普

速铁路施工时连续安排施工天窗

E. 高速铁路集中维修施工时可连续安排施工天窗

2. 下列协议内容中，属于营业线施工安全协议基本内容的有（　　）。

A. 工程概况

B. 施工责任地段和期限

C. 双方安全责任、权利和义务

D. 施工组织设计

E. 违约责任和经济赔偿办法

3. 营业线施工单位应经过铁路局集团公司有关部门或指定单位培训的人员

有（　　　）。

A. 安全员　　　　B. 质检员

C. 防护员　　　　D. 联络员

E. 工班长

1C432070　铁路建设工程质量安全监管相关规定

 复习要点

1. 铁路建设工程质量安全监督管理的规定

2. 铁路建设工程质量安全监督内容的规定

3. 铁路建设工程质量安全监督检查的规定

4. 铁路建设工程质量安全事故处理的规定

单项选择题

1. 铁路工程质量事故由地区铁路监督管理局组织调查或者委托建设单位调查的事故等级是（　　　）。

A. 特别重大事故　　B. 重大事故

C. 较大事故　　　　D. 一般事故

1C432080　铁路建设项目施工作业指导书编制相关规定

复习要点

1. 施工作业指导书编制依据的规定

2. 施工作业指导书编制内容的规定

1. 施工作业指导书主要编制依据包括
   （   ）。
   A. 国家、行业和国铁集团有关设计、
   施工和验收标准

B. 经审核合格的施工图设计文件

C. 工程施工合同

D. 国家级工法和成熟的施工工艺

E. 指导性施工组织设计

1C432090 铁路建设项目物资设备管理相关规定

 复习要点

1. 甲供物资设备管理的规定
2. 自购物资设备管理的规定

单 项 选 择 题

1. 铁路建设物资实行分类管理，分为甲供
   物资和自购物资两类。下列物资采购行
   为中，属于自购物资的是（   ）。
   A. 国铁集团采购的物资
   B. 国铁集团组织建设单位联合采购的
   物资
   C. 建设单位自行采购的物资
   D. 施工单位采购的物资

2. 铁路甲供物资达到国家规定依法必须招
   标规模标准的，须采用公开招标方式，
   由建设单位作为招标人依法进行招标采
   购，评标办法采用（   ）。

A. 综合评价法

B. 技术评分合理标价法

C. 经评审的最低投标价法

D. 固定标价评分法

3. 铁路甲供物资招标，建设单位应依法组
   建评标委员会，评标委员会成员人数为
   （   ）人以上单数，其中技术、经济
   等方面的专家不得少于成员总数的四分
   之三。
   A. 3   B. 5
   C. 7   D. 9

1. 中国国家铁路集团有限公司物资管理部是建设物资采购供应工作的归口管理部门，其主要职责包括（　　）。

A. 指导、监督建设物资的采购供应工作

B. 发布、调整甲供物资目录

C. 执行建设物资采购供应工作的相关管理制度

D. 负责利用国外贷款的建设物资的采购工作

E. 负责建设单位管理甲供物资的招标计划审批工作

1C432100　铁路工程建设市场信用体系建设相关规定

 复习要点

1. 施工企业信用评价组织管理的规定

2. 施工企业信用评价日常检查的规定

3. 施工企业信用评价不良行为的规定

4. 施工企业信用评价加分和扣分的规定

5. 施工企业信用评价排序的规定

6. 施工企业信用评价信息管理的规定

7. 施工企业信用评价评价管理的规定

1. 负责铁路项目施工企业信用评价结果汇总、公示及公布工作的单位是（　　）。

A. 国铁集团工程监督总站

B. 国铁集团建设管理部

C. 国铁集团安全监督管理局

D. 国铁集团区域监督站

2. 铁路建设项目信用评价得分是指从项目基础分中减去项目不良行为扣分，加上标准化绩效管理考评得分后得出的分数。项目基础分和标准化管理绩效考评最高得分分别是（　　）。

A. 95分和5分　　B. 190分和10分

C. 290 分和 10 分　D. 380 分和 20 分

3. 铁路工程施工考核总费用计算基数为施工合同额，采取累进递减法确定。合同额在 50 亿元（含）以下的，为合同额的（　　）。

A. 3‰　　　　　　　B. 4‰

C. 5‰　　　　　　　D. 6‰

4. 铁路工程施工考核扣减费用应纳入（　　）。

A. 项目管理费　　　B. 安全生产费

C. 总承包风险费　　D. 项目招标节余

二　多项选择题

1. 下列不良行为中，属于铁路项目信誉评价一般不良行为认定标准的有（　　）。

A. 隐蔽工程未经检验合格而进入下一道工序的

B. 未编制安全专项方案或未经评审的

C. 不按规定使用和保管爆破器材的

D. 特种作业人员无证上岗作业的

E. 使用未经检验原材料、构配件的

2. 下列铁路灾害项目中，属于信用评价抢险加分项目的有（　　）。

A. 路堤冲空

B. 隧道衬砌严重开裂

C. 中断行车时间 4h

D. 山体滑坡 8000m³

E. 路堑边坡溜坍 10000m³

1C432110　铁路工程严禁违法分包及转包相关规定

 复习要点

1. 铁路工程严禁违法分包的规定
2. 铁路工程严禁转包的规定

多项选择题

1. 铁路工程施工中发生（　　）行为时，属于违法分包。

A. 承包单位将其承包的工程分包给个人的

B．施工总承包单位或专业承包单位将工程分包给不具备相应资质单位的

C．施工总承包单位将施工总承包合同范围内工程主体结构的施工分包给其他单位的

D．将劳务作业分包给具有相应资质的劳务承包企业

E．专业工程分包单位将其承包的专业工程中非劳务作业部分再分包的

2．铁路工程施工中发生（　　）行为时，属于非法转包。

A．承包单位将其承包的全部工程转给其他单位或个人施工的

B．承包单位将其承包的全部工程肢解以后，以分包的名义分别转给其他单位或个人施工的

C．经建设单位同意，施工总承包单位将其承包工程中的部分专业工程分包给具有相应资质的专业队伍施工

D．派驻的项目负责人未对该工程的施工活动进行组织管理，又不能进行合理解释并提供相应证明的

E．专业工程的发包单位不是该工程的施工总承包或专业承包单位的

1C432120　铁路建设项目变更设计管理相关规定

 复习要点

1．变更设计分类的规定

2．Ⅰ类变更设计程序的规定

3．Ⅱ类变更设计程序的规定

4．变更设计费用的规定

5．变更设计管理的规定

6．责任追究的规定

一　单项选择题

1．变更设计必须坚持（　　）原则，严格依法按程序进行变更设计，严禁违规进行变更设计。

A．"先批准、后实施，先设计、后施工"

B．"先批准、后设计，先审核、后施工"

C．"先批准、后实施，先设计、后审核"

D．"先批准、后审核，先设计、后施工"

2．Ⅰ类变更设计文件一般应在会审纪要下

发后（   ）日内完成，特殊情况下 I 类变更设计文件完成时间由建设单位商勘察设计单位确定。

A．20   B．25

C．30   D．35

3．Ⅱ类变更设计程序首先需提出变更设计建议、施工图审核合格并交付使用后需进行Ⅱ类变更设计的，由（   ）提出变更设计建议，填写《变更设计建议书》。

A．建设、施工单位等联合

B．建设、施工及监理等联合

C．施工、监理以及勘察设计单位等联合

D．建设、施工、监理以及勘察设计单位等均可

4．Ⅱ类变更设计中，建设单位组织勘察设计单位按确定的变更设计方案编制施工图。勘察设计单位一般应在《变更设计会审纪要》下发后（   ）日内完成施工图。

A．7   B．10

C．14   D．15

5．铁路工程变更设计中，（   ）应对 I 类变更设计文件进行初审。

A．承包单位   B．监理单位

C．咨询单位   D．建设单位

二 多项选择题

1．下列初步设计审批内容变更条件中，属于 I 类变更设计条件的有（   ）。

A．变更批准的建设规模、主要技术标准、重大方案、重大工程措施

B．变更初步设计批复主要专业设计原则的

C．调整初步设计批准总工期及节点工期的

D．建设项目投资超出初步设计批准总概算的

E．国家相关规范、规定重大调整的

2．下列变更设计程序中，属于Ⅱ类变更设计程序的有（   ）。

A．提出变更设计建议

B．会审变更设计方案

C．初审变更设计文件

D．确定变更设计方案

E．审核下发变更施工图

3．关于变更设计费用的说法，正确的有

（   ）。

A． I 类变更设计概算报送铁路主管部门审批

B． I 类及Ⅱ类变更设计均需计取勘察设计费

C．因责任原因引起的变更设计由责任方承担费用

D．Ⅱ类变更设计引起的工程费建设单位组织审定

E．非责任原因的属于不可抗力的按合同约定处理

4．关于变更设计管理的说法，正确的有

（   ）。

A．工管中心对变更设计违规行为提出处罚建议

B．初步设计审查部门负责 I 类变更设计审查工作

C. 建设单位必须加强对变更设计工作的组织管理

D. 勘察设计单位应做好施工过程中地质资料确认工作

E. 施工单位应完善内部地质勘探及变更设计管理制度

5．变更设计归档资料包括（　　）。

A. 变更意向书

B. 变更设计建议书

C. 现场确认意见和影像资料

D. 变更设计会审纪要

E. 变更设计文件

1C432130　铁路建设项目验工计价相关规定

 复习要点

1. 验工计价依据的规定
2. 验工计价方法的规定

一　单项选择题

1．铁路建设项目总承包风险费根据合同约定的内容和范围据实验工，其计价原则是（　　）。

A. 月度据实计价、最终总额包干

B. 月度比例控制、最终总额包干

C. 季度据实计价、最终总额包干

D. 季度比例控制、最终总额包干

2．对未纳入施工承包合同的甲供物资应当按照已完合格工程对应章节消耗数量和采购单价进行计价，其计价办理单位是（　　）。

A. 建设单位　　　B. 设计单位

C. 监理单位　　　D. 施工单位

二　多项选择题

1．铁路工程验工计价依据包括（　　）。

A. 工程承包合同及其他有关合同、协议

B. 批准的单位工程开工报告

C. 指导性施工组织设计

D．建设单位下达的投资及实物工作量计划

E．初步设计施工图纸

2．按铁路项目总承包合同约定属建设单位承担的费用，需另行签订补充合同。下列项目中，属于需要另行签订补充合同的有（　　）。

A．Ⅰ类变更设计

B．施工方案优化

C．限额以上的Ⅱ类变更设计

D．大临费用增加

E．材料设备价差

 参 考 答 案

【1C432010　参考答案】

一、单项选择题

1	2			
D	A			

二、多项选择题

1	2	3	
A、C、D	A、B、D、E	A、C、D、E	

【1C432020　参考答案】

一、单项选择题

1	2	3	4	5
B	C	D	A	D

二、多项选择题

1	2	3	4
A、B、C、D	A、B、D、E	A、B、D	A、B、C、E
5			
A、B、C、D			

【1C432030　参考答案】

一、单项选择题

1				
B				

二、多项选择题

1	2	
A、B、C、E	A、B、D、E	

【1C432040　参考答案】

一、单项选择题

1	2	3	4	5	
C	D	B	B	C	

二、多项选择题

1	2	3
A、B、D、E	A、B、D	A、B、C

【1C432050 参考答案】

一、单项选择题

1	2	3			
A	C	D			

二、多项选择题

1	2		
B、C、E	A、B、C、E		

【1C432060 参考答案】

一、单项选择题

1	2	3	4		
D	D	B	D		

二、多项选择题

1	2	3	
A、B、D、E	A、B、C、E	A、C、D、E	

【1C432070 参考答案】

单项选择题

1					
D					

【1C432080 参考答案】

多项选择题

1			
A、B、C、D			

【1C432090 参考答案】

一、单项选择题

1	2	3			
D	C	B			

二、多项选择题

1			
A、B、D			

【1C432100 参考答案】

一、单项选择题

1	2	3	4		
B	C	C	D		

二、多项选择题

1	2		
A、B、D	A、B、E		

【1C432110 参考答案】

多项选择题

1	2		
A、B、C、E	A、B、D、E		

【1C432120 参考答案】

一、单项选择题

1	2	3	4	5	
A	C	D	B	D	

二、多项选择题

1	2	3	4
A、B、D、E	A、D、E	A、C、D、E	A、B、C
5			
B、C、D、E			

二、多项选择题

1	2	
A、B、D	A、C、E	

【1C432130　参考答案】

一、单项选择题

1	2			
D	A			

实务操作和案例分析题

【案例1】

A 铁路施工企业拟参与一铁路工程的投标，为满足招标文件设定的施工总承包特级资质的要求，找到 B 企业谋求合作，并承诺向其支付 5% 的费用。B 企业综合考虑后同意与 A 企业合作，双方签订了合作协议。协议主要内容包括：由 B 企业向 A 企业提供其施工总承包特级资质证书、营业执照、投标所用签章及资料；A 企业以 B 企业名义参与投标，中标后按合同额的 5% 向 B 企业支付管理费；A 企业全面负责并组织实施工程施工管理，并承担全部责任。

工程中标后，A 企业对外以 B 企业项目经理部的名义与建设单位开展工作并与材料供应商 C 企业签订了供货合同，对内则以 A 企业名义进行施工管理。在施工过程中，由于项目管理混乱，发生多起质量事故，成本费用增加，资金周转困难，致使拖欠 C 企业材料款。C 企业在多次催要无果后将 B 企业诉至法院。B 企业认为：自己与 A 企业有协议约定，工程是由 A 企业全面管理实施的，况且前期材料款也是 A 企业直接向 C 企业支付的，剩余款项也应由 A 企业支付，B 企业不应被起诉。

问题：

1. 针对背景资料，分别指出 B 企业在投标阶段和中标后的行为各属于什么性质的行为，并说明理由。

2. A 企业与 B 企业签订的合作协议是否有效？说明理由。

3. C 企业起诉 B 企业是否正确？说明理由。

【案例2】

施工单位 A 承包了一段某繁忙干线铁路改造工程，内容有桥涵顶进、路基帮宽和轨枕更换等。工程开工后，该施工单位便把其中（12 + 16 + 12）m 的桥涵顶进工程的施工任务分包给一家具有专业承包资质的 B 施工单位施工。顶进施工过程中，线路发生坍塌，造成繁忙干线客运列车脱轨 19 辆，并中断铁路行车 52h。

问题：

1. 施工单位 A 将桥涵顶进工程分包给施工单位 B 是否合法？为什么？

2. 根据《铁路交通事故应急救援和调查处理条例相关规定》的等级划分，其属于哪类事故？谁负责调查此次事故？

3．应采取哪些技术措施以保证营业线上桥涵顶进施工的安全？

4．在桥涵顶进施工安全事故应急救援预案中，针对掌子面前方发生坍塌如何处理？

【案例3】

某施工单位承建某铁路软土路基工程，采用浆喷搅拌桩施工。路基为改良细粒土填筑。施工中过程发生了以下事件：

事件1：全面施工前根据地质情况和室内配合比，分段进行了成桩工艺试验，经取芯和承载力等检验，确定了加固材料掺入比、钻进速度、喷气压力和喷搅次数4项工艺参数。工艺参数及成桩检验成果由项目总工程师确认。

事件2：在施工中，质检工程师取芯检验发现质量问题，少数桩体的抗压强度不足。

事件3：基床以下路堤填筑按"三阶段、四区段、八流程"的工艺组织施工。碾压时，分层最大压实厚度为50cm，最小分层厚度为10cm。各区段交接处重叠压实，纵向搭接长度为1.5m，沿线路纵向行与行之间压实重叠为40cm，上下两层填筑接头应错开为2m。

问题：

1．针对事件1，指出其错误并给出正确做法。

2．针对事件2，分析发生质量问题的可能原因并给出处理措施。

3．针对事件3，指出路基碾压工艺的错误之处并给予改正。

【案例4】

某段新建铁路路基工程，主要施工内容为深路堑开挖和软土路堤填筑。其中路堑段长度为200m，开挖深度为20m，设计分三级边坡防护，主要地质为黏土和强风化、中风化泥岩，主要工作内容为土石方开挖和边坡防护；路堤所经水塘地段设计采用抛石挤淤处理，基床表层采用级配碎石填筑，工艺流程如下图所示。

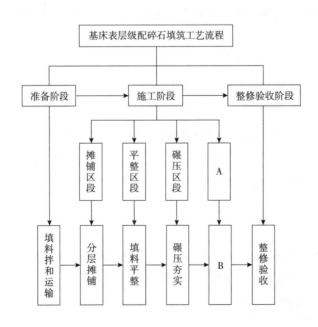

施工中发生以下事件：

事件1：抛石挤淤施工前，施工单位制定了片石抛填施工方案：拟投入的主要机械设备有自卸汽车、装载机、推土机和挖掘机；石料选用强度坚硬、不易风化的片石，片石尺寸不宜小于25cm，在石料供应困难期间，允许有20%以下的较小片石，但块径不得小于15cm；片石抛填顺序为自两侧向中部抛填，有横坡时自低侧向高侧抛填。

事件2：施工单位在旱季施工该段路堑，并在施工前做好了截、排水系统。由于雨水较少，路堑开挖后边坡较稳，土石方开挖自上而下分层进行，土石方全部开挖完成后自下而上逐级进行了边坡防护施工。

事件3：施工单位在进行路堤填筑碾压施工时，碾压顺序为先中间后两侧，各区段交接处均重叠压实，上下两层填筑接头错开2.5m，纵向搭接压实长度为2.0m。监理工程师发现后要求整改。

问题：

1. 指出图中A所代表的区段名称和B所代表的工艺名称。

2. 针对事件1中施工方案的不合理之处，给出正确做法。

3. 针对事件2中做法的不妥之处，给出正确做法。

4. 针对事件3，应如何整改？

【案例5】

某集团公司承建时速160km新建双线铁路四标段，标段长度12.6km，其中有桥梁5座，涵洞8座，其余为路基工程。沿线两侧除有少量村庄外无其他重要工业建筑。该标段范围内路基工程设计填挖方量基本平衡。路堑地段山体除表层有1～2m土层外，向下依次为2～3m强风化花岗岩、3～5m中风化花岗岩和弱风化花岗岩；最大开挖深度为20m。路堤工程有两段长分别为500m、800m的地基表层为软弱土层，其静力触探比贯入阻力P_s值为0.6MPa；软弱土层最大深度为2m；其他地段无不良地质。

问题：

1. 根据背景资料，给出该标段路基工程的施工技术方案。

2. 根据背景资料，给出路堤段软弱土层地基处理措施，并说明理由。

3. 根据背景资料，写出该标段挖方安全施工的控制重点。

4. 根据背景资料，写出该标段路基施工质量的控制重点。

【案例6】

背景同【案例5】，其中一段路基，路堑两边为填筑路堤，路堤各设有涵洞1座。

问题：

1. 根据背景资料，给出该段路基填筑作业所需要的施工机械。

2. 写出路堤与涵洞过渡段填筑施工要求。

3. 根据背景资料，写出该段路基施工作业可以采用的几种组织形式。

4. 写出路基填筑的主要施工步骤。

5. 写出路堑挖方的主要施工步骤。

【案例7】

某新建双线铁路有一段属软土地基，设计采用水泥浆搅拌桩的处理措施。施工过程中，取芯发现少数桩体的无侧限抗压强度不能满足设计要求。

问题：

1. 给出水泥浆搅拌桩的作用原理以及施工步骤。

2. 根据背景资料，写出发生质量问题的原因。

3. 根据背景资料，写出质量问题出现后应采取的措施。

【案例8】

某新建双线铁路有一段属软土地基，设计采用塑料排水板。塑料排水板施工后、路基填筑时发生坡脚隆起。

问题：

1. 给出塑料排水板的作用原理以及施工步骤。

2. 根据背景资料，写出发生质量问题的原因。

3. 根据背景资料，写出质量问题出现后应采取的措施。

【案例9】

某施工单位中标一座铁路大桥（施工范围不含图中阴影部分），该桥跨越某三级通航河流，主跨为下承式钢梁，架桥机运梁车均可以在上面行使。边跨为32m简支T形梁，要求现场制梁，采用公铁两用架桥机架梁，工期要求20个月，孔跨布置详见下图。

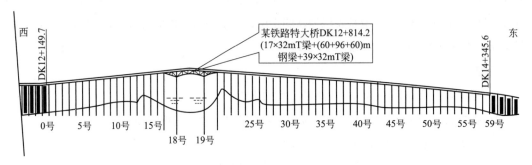

某铁路特大桥纵断面缩图

问题：

1. 根据背景资料，给出主跨钢梁的施工技术方案。

2. 根据背景资料，给出边跨梁部工程施工步骤及投入的主要机械（除公铁两用架桥机外）。

3. 写出T形梁预制的质量控制重点。

4. 写出该特大桥控制工期的部位和分部工程。

【案例 10】

背景同【案例 9】。

问题：

1. 请划分施工单元，配置施工队伍。

2. 用框图表示全桥的施工顺序。

3. 写出主跨的安全施工风险源。

4. 写出主跨安全作业预防措施要点。

【案例 11】

某铁路复线工程两个车站之间的示意图如下，业主要求下行方向先开通。

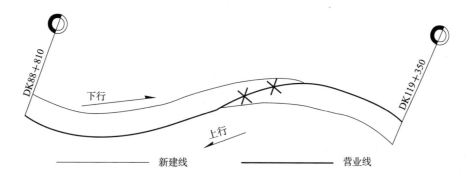

问题：

1. 写出区间轨道拨接有哪些施工工序。

2. 图示并说明拨接龙口处的施工步骤。

【案例 12】

某单线铁路车站（如下图所示），在复线施工中需要站台抬高 10cm，原先的两股到发线有效长度为 850m，新增的到发线有效长度为 1050m。

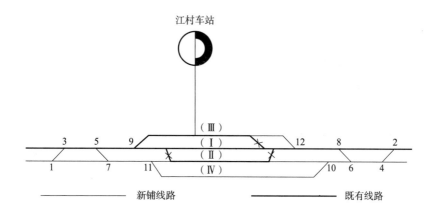

问题：

1. 写出车站施工过渡方案。

2. 写出全部单号道岔铺设方案和作业内容。

3. 写出临时要点封锁施工程序。

【案例 13】

某新建单线铁路工程设计行车速度 160km/h，全长 189km，其中简支 T 形梁有 360 孔，设计为跨区间无缝线路，站线铺轨 28km，沿线有十多家石料场，其中铺轨与制架梁由某一个集团公司总承包。接轨站位于繁忙铁路干线上，站内有大量平地。

问题：

1. 应该选择什么样的铺架方案？说明原因。

2. 建设单位要求 7 个月内完成铺架，请确定有关施工进度。

3. 铺轨后建设单位要求铺设跨区间无缝线路，请给出无缝线路施工方案与施工步骤。

4. 写出该工程铺架施工应投入的主要机械设备。

【案例 14】

某段铁路增建二线工程全长 32km，位于平原地区，主要工程内容为增建二线路基填筑，框构桥接长和圆涵接长，两座 1—8m 下穿公路的顶进桥，以及铺轨整道工程。沿铁路有一条并行的国道，间距在 300～500m 范围内。工地 100km 范围内无道砟场，两处大型铁路道砟场距工地中心 140km，可以就近挖塘取土，车站位于管区中间。

问题：

1. 选择适宜的轨道工程施工方案，并回答原因。

2. 写出人工铺轨主要施工步骤。

3. 写出主要的轨道施工机具名称。

【案例 15】

背景同【案例 14】。

问题：

1. 写出该段路基工程的主要步骤。

2. 写出路基施工的质量控制重点。

3. 写出 1—8m 公路立交桥主要施工步骤。

4. 写出顶进桥的安全控制重点。

【案例 16】

某单线铁路隧道要求工期 36 个月，全长 7.5km，只有进出口具备进洞条件，隧道中间高洞口低，出口洞口段有 20m 长的坡积层，厚度较厚；进口段为风化岩有部分节理判定为Ⅲ级围岩，进洞施工时为旱季。

问题：

1. 该隧道进洞应采取什么措施？写出其施工步骤。

2. 隧道应采用何种施工方案？决定施工方案的主要因素是什么？

3. 写出该隧道洞身段的主要施工步骤。

4. 列表写出本隧道主要施工安全控制重点。

【案例 17】

背景同【案例 16】。进口段有一段 60m 富水断层破碎带。出口段有一段石灰岩地质,可能有溶洞。进口段施工时,已做好初期支护的断层破碎带发生坍塌,掌子面与洞口被隔断,有 4 名工人没有及时撤离被堵在洞内,身体没有受伤。

问题:

1. 根据背景资料,给出安全穿越富水断层带的主要措施。

2. 写出出口石灰岩地质地段施工前后要开展的防范措施。

3. 根据背景资料,应采取哪些救人措施?

【案例 18】

某高速铁路土建工程第三合同段,平面示意图如下:

除 3 号特大桥主跨为 1—96m 提篮拱桥(架桥机可运梁通过)外,其余均为 32m 预应力混凝土简支箱梁。箱梁设计为双线整孔箱梁,约重 900t,采用 1 台架桥机架梁。竹岭隧道均为 Ⅱ、Ⅲ 级围岩,隧道中间有开辟斜井的条件。该项目总工期为 3 年,要求开工 1.5 年后开始架梁。

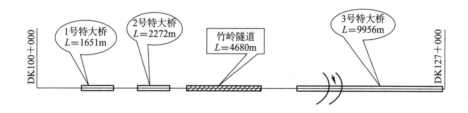

问题:

1. 竹岭隧道应采用几个作业面同时掘进?为什么?

2. 若布置一个梁场,梁场应在何处选择?为什么?

3. 在主跨工期不影响架梁的前提下,说明架梁顺序。

【案例 19】

背景同【案例 18】。施工过程中,发生以下事件:

事件 1:该项目集团公司拟安排三个都具有制架箱梁和隧道施工能力的工程公司参加施工。

事件 2:该项目根据新的要求,需要统一制架梁,由新组建的桥梁公司承担箱梁制运架任务。其余工程由一个隧道公司负责施工。

事件 3:由于征地拆迁延误工期半年,业主要求竣工时间不变。

问题:

1. 根据事件 1,请划分施工工区和施工任务。

2．根据事件 2，请重新划分施工工区和施工任务。

3．根据背景资料，写出该合同段控制性工程。

4．针对事件 3，应如何调整总体施工方案？

【案例 20】

某增建二线铁路二标段站前工程起讫点里程为 DK40＋000～DK110＋000，详见线路平面示意图。沿线的既有车站中，车站 D 需关闭，车站 A、车站 B 和车站 C 均需要改造。本标段主要工程为：路基和站场土石方 50 万 m³，无特殊路基；单线桥梁 2 座，均为预制架设 32m 简支 T 形梁，旱桥，无高墩；轨道结构全线采用有砟轨道，新建线路铺设无缝线路，既有线路为无缝线路。本标段总工期 24 个月。

在车站 B 处设置一个铺架基地和 T 形梁预制场。T 形梁采用铁路架桥机架梁，无缝线路采用换铺法铺设轨道。铺架施工中不得中断运营列车的通行。

铺架基地内设置的生产区有：长钢轨存放区，轨枕存放区，制梁区，主材、地材等各种原材料存放区，混凝土生产区。

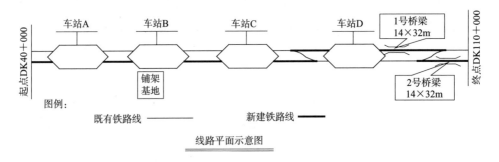

线路平面示意图

问题：

1．根据背景资料，指出除车站 B 外还有哪些车站可以作为铺架运输设备的临时停放点。并说明理由。

2．根据背景资料，指出本标段有哪些控制性工程。

3．根据背景资料，补充铺架基地内缺少的主要生产区。

【案例 21】

某铁路营业线为双线，由于铁路提速要求需对某段进行落道，落道高度为 70cm。该铁路线上方跨越一座公路高架桥，铁路双线两侧净距 4.5m。该线路为繁忙干线，每昼夜通过列车 46 对。根据铁路运营部门规定，对该段单线铁路封锁施工时间最长为 48h。现有三种施工方案：第一种，直接用人工和简易施工机具将轨道抬起，掏走一些道砟和路基的土；第二种，建一临时便线供列车绕行，封闭该段后集中作业；第三种，上下道分别封闭，采用机械方式，落道后一次换铺钢轨。

问题：

1．应选择哪一种施工方案？为什么？

2. 针对最优方案的具体施工步骤是什么？

3. 施工前，施工单位应做好哪些准备工作？施工后开通前还要做哪些工作？

【案例 22】

施工企业 A 公司承包某铁路建设工程路基、桥涵施工任务。在某段路基有软土地基需要处理，工程开工后，该施工企业没有经过业主同意直接将塑料排水板和粉体喷射搅拌桩处理软基的施工任务分包给一具备资格的专业承包单位 B 公司。在施工过程中，专业承包商没有等到正式下达施工图纸，只是通过到设计单位了解设计意图和大致工程内容便开始施工。等到施工图出来后发现施工与设计不符，出现施工质量问题，需要返工，影响了工期。

问题：

1. 该工程中软土地基分包是否正确？为什么？

2. 在本工程中返工的损失责任如何确定？会出现哪些主体间的索赔关系？

3. 保证软基处理工程工期的施工措施是什么？

【案例 23】

某工程公司承建南方某地区铁路桥梁工程。该桥由 5×32m 混凝土简支箱梁组成。箱梁浇筑采用支架法施工，施工期安排在 6 月至 9 月。施工中发生以下事件：

事件 1：项目经理部按铁路建设单位有关规定，组建架子队进行施工。劳务人员由其他项目（路基、隧道、桥梁下部工程）退场人员组成。劳务人员进场后，项目经理部技术人员组织劳务骨干人员开会，对技术、质量标准和要求进行了口头交底，然后安排劳务人员进行项目施工。

事件 2：该桥梁一侧桥台基础施工过程中，发现施工图纸中该桥台胸墙结构尺寸标注错误，如继续按照施工图尺寸施工可能导致将来架梁时跨距不足。由于工期紧张，施工单位自行将桥台胸墙边缘位置调整，然后上报驻地监理工程师。

事件 3：为保证混凝土质量，混凝土采用集中拌和，按要求掺入粉煤灰和外加剂。施工中，水泥采用硅酸盐水泥，实测混凝土坍落度范围为 14～18cm，箱梁浇筑后采取洒水养护措施。在拆模后，经检查发现腹板表面存在裂纹。

问题：

1. 针对背景资料，给出该箱梁施工质量控制要点。

2. 针对事件 1，指出该项目在质量管理方面的不妥之处，并给出整改措施。

3. 针对事件 2，施工单位自行调整胸墙边缘位置的管理工作程序是否正确？如不正确，应如何处理。

4. 针对事件 3，指出造成梁体混凝土质量缺陷的原因，并给出避免质量缺陷的正确做法。

【案例 24】

某施工单位承担一铁路特大桥的施工。该桥跨省道、河流，钻孔桩基础，墩身高 4～

12m，墩身施工采用整体钢模。

模板由具有资质的厂家生产，交货时附有生产厂家提供的设计图及检算书。该桥技术负责人对模板设计图及检算书检查后予以认可，并据此对墩身作业班组长进行了口头安全技术交底。

在该桥墩身施工中，发生模板坍塌事故，导致3人死亡、1人轻伤。事故发生后，施工单位及时、如实向建设单位进行了报告。经调查：项目部未编制模板专项施工方案；发生事故的直接原因是作业工人违章作业造成的。施工单位按规定对事故相关责任人进行了处罚，并对全体人员进行了再教育；对模板的设计图和检算书进行了复核检算，补充编制了安全专项施工方案，在技术负责人签字后立即发布实施，并要求墩身施工班组长在现场严格监督执行。

问题：

1. 在该桥下部结构施工中，应编制哪些安全专项施工方案？

2. 写出项目部在该桥施工中，应如何进行安全技术交底。

3. 指出施工单位在安全事故处理程序方面的不妥之处。

4. 施工单位的安全补救措施有何不妥？说明理由。

【案例25】

工程背景同【案例18】。若本标段共有32m简支预应力双线箱梁420孔。用1套900t架桥机架设箱梁平均进度指标2孔/d，箱梁台座上从支模到移梁5d/孔，若箱梁终张后不小于30d方可架设。

问题：

1. 为使制梁进度与架设进度基本均衡，应设置几个制梁台座？

2. 存梁台座应设多少个？

【案例26】

某铁路路基路堑边坡防护采用浆砌片石挡土墙。施工中监理单位发现存在以下问题：挡墙后面路基边坡处存在有膨胀土；片石块偏小；缝隙处砂浆不饱满等情况。询问现场管理人员和施工人员，发现他们对图纸和设计情况不清楚。企业总部对项目部质量管理体系内审时发现质量计划中只有以下内容：编制依据、项目概况、质量目标、质量控制及管理组织协调的系统描述、更改和完善质量计划的程序。

问题：

1. 路堑挡护工程有何质量问题？

2. 施工单位质量管理有何问题？

3. 质量计划是否完整？如不完整，还缺少哪些内容？

【案例27】

某施工单位承建客货共线铁路某隧道工程，起讫里程为DK38＋500～DK42＋100，长度为 3600m。隧道围岩破碎、软弱，地下水发育，围岩级别为Ⅴ级，进、出口段洞顶有村庄、水田。按照施工组织设计，施工单位在隧道进、出口各安排一个作业面施工，开挖采用三台阶预留核心土法施工。

施工中发生了以下事件：

事件1：项目经理部编制了《防水板作业要点卡片》，见下表。

防水板作业要点卡片

卡片编码：隧502 上道工序：<u>A</u>

序号	工序	作业控制要点
1	施工准备	① 检验防水板质量。 ② 将防水板按每循环设计长度加预留松弛量截取，对称卷起备用。 ③ 防水板作业台架就位
2	基面处理	① 对欠挖部位进行处理。 ② 铺设盲沟。 ③ 局部漏水处采用注浆堵水或埋设排水管。 ④ 彻底清除各种异物和尖锐突出物体，凹处复喷补平
3	防水板搭接	① 两幅防水板的搭接宽度不小于 Ccm；环向铺设时，下部防水板应压住上部防水板。 ② 三层以上塑料防水板的搭接形式必须采用 T 形接头
4	防水板焊接	① 用双焊缝热熔焊接，焊缝宽度不小于2cm，焊接温度控制在 200～270℃为宜，焊接严密，不得焊焦、焊穿、漏焊和假焊。 ② 焊接完后的卷材表面留有空气通道，用以检测焊接质量
5	防水板铺设	① 采用无钉铺设工艺，铺设应表面平顺、无褶皱、有一定松弛量。 ② 分段铺设的防水板，其边缘部分预留至少 Dcm 的搭接余量，并且对预留部分边缘部位进行有效保护。 ③ 背贴式止水带安装
6	安装质量	① 焊接牢固，人力不能撕开。 ② 焊缝检测用5号注射针与压力表相接，使用打气筒进行充气，在 0.25MPa 压力作用下，保持15min、压力下降在 10% 以内，说明焊缝合格，否则补焊至合格为止

下道工序：<u>B</u>

事件2：掌子面开挖至 DK39＋130 时，对 DK39＋100～DK39＋103 段进行仰拱开挖，根据 DK39＋100 处的围岩量测数据绘制了位移（u）—时间（t）关系图，发现位移速率不断上升，即 $d^2u/dt^2 > 0$，如下图所示。

问题：

1. 根据背景资料，给出隧道内洞口段合理的施工防排水原则，并说明理由。

2. 给出表中 A 和 B 所代表的施工工序名称。

3. 给出表中 C 和 D 所代表的施工控制指标。

4. 针对事件2，指出该段围岩所处的状态，并写出应对措施。

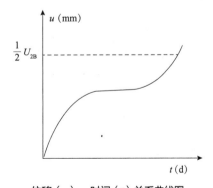

位移（u）—时间（t）关系曲线图

注：U_{2B}—距掌子面2倍开挖宽度的位移控制基准值

【案例28】

某新建铁路控制性工程新河隧道，为双线单洞隧道，隧道长8949m。洞身围岩级别分别为Ⅲ、Ⅳ、Ⅴ级，无不良地质；辅助导坑设置斜井2座，横洞1座。

施工组织设计安排：施工准备工期为3个月，进口段洞口及明洞施工工期为3个月，出口段洞口施工工期为1个月，1号斜井施工工期为7个月，2号斜井施工工期为6个月，横洞施工工期为3个月。隧道围岩分布如下图所示。

2号斜井 225+820				明洞8m	隧道进口 222+235	
1530	300	600	300	1592	550	203	围岩长度（m）
Ⅲ	Ⅳ	Ⅴ	Ⅳ	Ⅲ	Ⅳ	Ⅴ	围岩级别

隧道出口 231+184	横洞 230+930		1号斜井 227+230		
围岩长度（m）	168	766	2140	200	400	200
围岩级别	Ⅴ	Ⅳ	Ⅲ	Ⅳ	Ⅴ	Ⅳ

根据施工组织设计：本隧道安排5个隧道作业队，分别是进口作业队、出口作业队、横洞作业队、1号斜井作业队、2号斜井作业队。横洞安排向小里程方向施工，1号、2号斜井分别安排两个作业面进行施工。为保证掘进贯通安全，当两端工作面间的开挖距离为15m时停止一端工作，并将该端工作面人员和机具撤离。考虑以上因素后，隧道施工分界里程如下图所示。

图示	隧道出口 231+184	横洞 230+930	分界点 228+500	1号斜井 227+230	分界点 226+500	2号斜井 225+820	分界点 224+550	隧道进口 222+235
施工单元		A	B	C	D	E	F	G
围岩长度（m） Ⅲ			1730	470	730	680	70	1562
Ⅳ		86	700	400			600	550
Ⅴ		168		400			600	195

（明洞8m）

设计图纸显示：Ⅲ级围岩采用全断面开挖，Ⅳ级围岩采用台阶法施工，Ⅴ级围岩采用短台阶预留核心土法开挖；Ⅴ级围岩采用小导管超前支护，其他围岩无超前支护；初期支护为锚喷支护。

根据规定超前地质预报纳入工序管理。

问题：

（1）根据现场施工经验，给出隧道洞身各级别围岩掘进的进度指标。

（2）计算分别给出 5 个隧道作业队的洞身掘进工期（含施工准备时间）。

【案例 29】

某施工单位承包一铁路单线隧道工程长度 3km，岩体为Ⅳ、Ⅴ级围岩，采用正台阶钻爆法施工，开工后两个月，下台阶开挖 700m，上台阶开挖 490m，二次衬砌 200m。该隧道出口段通过一天然冲沟，山势险峻，围岩覆盖层最薄处仅 4m。在上台阶继续开挖过程中上拱部出现冒顶塌方事件，致使数名工人被困在洞内。

问题：

1. 隧道施工组织安排有何问题？

2. 通过冲沟地段应采取何种措施？

3. 抢救洞内施工人员应如何进行？

【案例 30】

某集团公司施工总承包某新建铁路某标段工程。该工程设计标准时速 160km/h，为有砟轨道的客货共线。工程内容包括路基、桥涵、隧道工程，不包括轨道、铺架、"四电"和站房工程。隧道为单线隧道。岐山 1 号隧道为Ⅲ级围岩，岐山 2 号隧道为Ⅳ级围岩。主要结构物位置及隧道中心里程如下图所示。

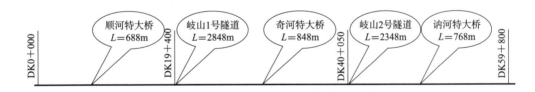

问题：

1. 根据背景资料，合理划分该标段工程的施工工区并给出施工范围。

2. 根据背景资料，合理配备顺河特大桥所在工区的施工队伍。

3. 根据背景资料，分别给出岐山 1 号、2 号隧道的掘进方案。

4. 岐山 2 号隧道施工需要投入哪些主要机械设备？

5. 针对背景资料，给出岐山 1 号隧道施工流程。

【案例 31】

某工程项目部承建一段地处北方的新建铁路工程（平面示意图如下图所示）。该工程标段总长 28km，工程范围包括隧道一座、特大桥两座以及路基和少量小桥涵工程，合同工期 16 个月，年初开工。隧道设计施工方案是：进口单口掘进，出渣全部利用。特大桥设计施工方案是：2号桥利用1号桥钢模板。路基土石方调配方案是：以隧道为界两端各自填挖平衡。施工用电采用网电。施工进行到秋天，因征地原因导致控制性工程工期严重滞后，距铺轨到达标段起点只有6个月，而隧道和1号桥工程量仅完成35%，2号桥仅完成部分桥梁基础。

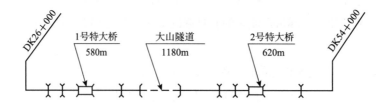

问题：

1. 对平面示意图进行必要的工区划分和线下施工队伍配备。（在答题卡中画出示意图，然后作答）

2. 举例说明（各举两例）：哪些工程（或工序）可以平行施工？哪些可以顺序施工？哪些必须先后施工？

3. 为确保铺轨按期通过本标段，对重点工程施工组织应该如何调整？

【案例32】

某铁路工程项目根据工程量的分布情况，并考虑到铺轨前路基及桥隧工程施工期限短的特点，分为两个工区（区段），里程划分为DK0＋000～DK75＋293，DK75＋293～DK105＋000。其中第一工区划分为3个施工单元：DK14＋800处一座特大桥；路基土石方；小桥涵群。第二工区划分为5个施工单元：DK92＋000～DK105＋000段正、站线路基土方$2.7×10^5 m^3$；其余路基土石方；小桥涵；8座大桥；2座隧道。

问题：

1. 结合工程背景，本工程施工任务分解采用的方法是什么？

2. 针对本工程的不同施工对象，应采取的施工作业组织形式是什么？

3. 确定不同施工作业顺序的依据是什么？

4. 进度计划优化调整的方式有哪几种？工期优化的原理是什么？

5. 当编制初始网络计划后计算工期为38个月，而目标工期为36个月，一般运用什么样的优化方式？当优化后的网络计划计算工期已经在36个月以内，一般还要如何优化？

【案例33】

某集团公司先后中标电气化铁路新线站前工程6标和站后工程2标。站前工程主要工作内容有：路基、桥涵、隧道、轨道工程以及相应的大临及配合辅助工程。站后工程主要工作内容有：电力、电力牵引供电、通信、信号工程。其中：

路基工程总长度2.3km，挖方量80万m^3，填方量55万m^3。

桥梁1座360m，上部结构为跨径24m、32m的简支箱梁，采用支架现浇。

隧道1座，长度为2650m，施工图设计洞身围岩主要为弱风化花岗岩、石英砂岩及粉砂岩，围岩分级为Ⅱ、Ⅲ级，隧道最大埋深约230m，采用双口掘进，洞口设变压器。

接触网工程从红岗站至西陇站，全长26km。

施工过程中，发生以下事件：

事件1：项目经理部安质部在对桥梁施工现场检查中发现以下问题：

（1）箱梁钢筋在桥梁外侧空地上进行切割、弯制和焊接；

（2）乙炔气罐和氧气罐并列存放，与钢筋焊接点距离不足3m；

（3）首层碗扣式脚手架采用相同长度立杆布置。

事件2：隧道出口段施工至365m处时，拱顶出现涌水，当时涌水量约1800m³/h，随着涌水量逐渐衰减，后保持在约300m³/h。设计单位对涌水前方地段地质进行了补勘，查明地质情况是：岩体较破碎，节理裂隙较发育；地下水主要为构造裂隙水，较发育；前方75m判定为Ⅴ级围岩。

事件3：施工单位在牵引变电工程施工前编制了下列施工方案：

（1）大型设备运输前制定安装技术方案，严格按照技术方案组织检查和施工，大型设备到场后，应邀请公司、设计单位、监理单位人员到现场监督验收。

（2）变压器、断路器等设备到场后，按照有关工艺、工法组织施工，由监理单位对设备的电气性能进行检查测试，并出具质检报告。

（3）运动装置的安装与牵引变电施工同步，运动调试采用同步同级方式，在通信工程提供有效通道后，争取在最短时间内完成运动调试任务。

事件4：项目经理部接触网作业车停放在红岗站，车况良好，该区段线路铺轨已经完成，线路行车临时调度中心设在红岗站。项目经理部为确保接触网作业车行车运行安全，编制了施工安全措施方案：作业队提前申报日施工计划；接触网作业车按照批复的日施工计划进出区间进行施工；推动平板运行时，必须设行车引导员；区间作业车施工必须设现场防护员等。

问题：

1. 针对事件1存在的问题给出正确的做法。

2. 针对事件2，为保证施工和运营安全可采取哪些处理涌水措施？

3. 针对事件2，为保证隧道按期完工应采取哪些施工措施？

4. 逐条判断事件3中的做法是否正确，并对错误之处给出正确做法。

5. 针对事件4，为确保接触网作业车运行安全还应采取哪些措施？

实务操作和案例分析题参考答案

【案例1】答：

1.（1）在投标阶段，B企业的行为属于违法出借资质。理由是：《建设工程质量管理条例》规定，禁止施工单位允许其他单位或个人以本单位名义承揽工程。

（2）中标后，B 企业的行为属于转包行为。理由是：B 企业没有履行合同规定的责任和义务，没有组织实施工程施工管理，在收取 5% 的管理费后将全部工程交由 A 企业施工。

2.（1）协议无效。

（2）协议的主要内容违反了国家相关法律、法规的禁止性规定，双方签订的协议属无效协议。

3.（1）正确。

（2）虽然 A 企业与 C 企业是实质供需关系，但由于供货合同是 A 企业以 B 企业项目经理部的名义与 C 企业签订的，A 企业行为仅属于表见代理行为，所以 B 企业与 C 企业是供货合同的法律主体。

【分析与提示】

1. 理解本案例要从投标过程和施工过程这两个时间段上分开来分析。

2. 此题需掌握招标投标法的要求，分包、转包的法律规定。

【案例 2】答：

1. 施工单位 A 将桥涵顶进工程分包给 B 不合法。

原因：施工单位的分包应征得业主同意。

2. 繁忙干线客运列车脱轨 18 辆以上并中断铁路行车 48h 以上的，为特别重大事故。

特别重大事故由国务院或者国务院授权的部门组织事故调查组进行调查。

3. 保证营业线上桥涵顶进的施工安全技术措施：

（1）顶进桥涵施工过程中要采取有效措施对线路进行加固，防止路基塌方和线路横向移动。

（2）顶进箱身时应在列车运行间隙进行，严禁在列车通过线路时顶进。

（3）顶进现场应具备适当数量的应急物资如道砟、枕木、钢轨等料具，一旦线路变形时，应立即抢修，确保行车安全畅通。

4. 当前掌子面出现坍塌时，如果未超出安全距离，立即顶进；如果超出安全距离时，要立即顶进，达到安全距离；如果有列车通过，又无抢修时间，严重影响列车通行安全时，宁可拦车，不可放车，且及时组织人员抢修线路，在确认具备列车通行条件时方可放车。

【分析与提示】

1. 转包、分包的法律规定。

2. 掌握营业线桥涵顶进的技术要求、安全措施。

3. 掌握顶进施工安全防控措施及应急预案。

【案例 3】答：

1. 错误之处：（1）工艺试验确定 4 项工艺参数不完整；（2）检验成果由项目总工程师确认不妥。

正确做法：（1）再增加提升速度和单位桩长喷入量 2 项工艺参数；（2）工艺参数及成桩检验成果需报监理工程师确认。

【分析与提示】

此题考查浆喷搅拌桩施工方法在软基工程中的应用。

2. 发生质量问题可能的原因是：（1）原材料水泥不合格；（2）水泥浆配合比不合理；（3）水泥浆的喷量不足；（4）搅拌不均匀；（5）桩头段复搅拌不充分。

处理措施是：对质量不合格桩进行侧位补桩。

【分析与提示】

此题考查浆喷搅拌桩施工方法在软基工程中的应用。

对于分析原因的解题思路：要熟悉浆喷搅拌桩质量控制要点，分别从原材料选用、配合比选定、材料用量控制、施工工艺控制等影响成桩质量方面进行分析并查找原因。对于处理措施解题思路：要明确设置浆喷搅拌桩的目的是为了提高地基承载力，一旦成桩质量不合格势必影响地基承载力达不到设计要求，通过侧位补桩可以实现上述目的。

3. 错误之处：（1）分层最大压实厚度为50cm不符合规范要求；（2）纵向搭接长度为1.5m不符合规范要求；（3）上下两层填筑接头错开为2m不符合规范要求。

正确做法：（1）分层最大压实厚度应不大于30cm；（2）纵向搭接长度不应小于2m；（3）上下两层填筑接头错开不应小于3m。

【分析与提示】

此题考查路基填筑工艺和质量要求。

【案例4】答：

1. A区段名称：检测区段；B工艺名称：检验签证。

2. 事件1施工方案中不合理之处：

（1）投入的主要机械设备中应增加重型振动压路机；

（2）片石尺寸不宜小于30cm；

（3）片石抛填顺序应自地基中部向两侧；

（4）有横坡时自高侧向低侧抛填。

3. 事件2做法中不妥之处的正确做法：高边坡防护应自上而下分级进行，开挖一级，防护一级。

4. 事件3施工单位在进行路堤填筑碾压施工的整改措施：碾压顺序为先两侧后中间；上下两层填筑接头错开不得小于3m。

【案例5】答：

1. 该段路基工程的施工技术方案是：

路堑表层采用推土机破土，然后分层开挖，采取潜孔钻钻爆和预裂爆破方法，路基填筑采取分层平起法填筑。以挖掘机为主进行装土、自卸车运土、推土机摊平、压路机碾压，路堤填筑前软弱土层地基采取压实、换填处理，其他地段采取推表后碾压处理，路基基床采用A、B组填料分层填筑，压路机碾压，基床质量控制采用密实度、孔隙率、地基系数三项指标检测控制。

2．该段路基地基处理措施有：

（1）两段软弱土层地基，应采取压实、换填、垫层法等处理措施。

（2）理由：一是该段地基静力触探比贯入阻力 P_s 值为 0.6MPa 小于 1MPa 地基承载力无法满足承载要求；二是该段软弱土层最大深度为 2m 小于 3m，适合采用浅层处理措施。

3．该标段路基安全施工控制重点有：

（1）挖方路堑钻爆施工；

（2）高边坡防护施工；

（3）土方运输和装卸车作业；

（4）高路堤两侧边缘处碾压。

4．该标段路基施工质量控制重点有：

（1）软弱地基的换填质量控制；

（2）路堑边坡稳定性、平顺性控制；

（3）钻爆时岩块粒径控制；

（4）过渡段填筑质量控制。

【分析与提示】

1．铁路工程上软弱土层地基和软土地基处理方法不同，软弱地基在厚度小于 3m 的情况下采取换填是常用的措施，换填的填料一般是要求渗水性好的粗填料，避免黏性土和细粒土。

2．施工技术方案描述一般是要表述所采用的机械设备、施工方法、重要检测方法和主要施工过程这几项主要内容。

3．质量安全控制重点一般要反映施工控制的重点部位或重点作业内容。

【案例 6】答：

1．该段路基填筑需要的施工机械有：

挖掘机、装载机、自卸车、推土机、压路机、洒水车。

2．路堤与涵洞过渡段填筑施工要求有：

（1）填筑应对称进行，并与相邻路堤同步施工；

（2）靠近涵洞的部位，应平行于涵洞进行横向碾压；

（3）大型压路机碾压不到的部位应用小型振动压实设备分层进行碾压，压实厚度不宜大于 15cm；

（4）横向结构物的顶部填土厚度小于 1m 时，不应采用大型振动压路机进行碾压。

3．该段路基施工作业的组织形式有：

路堤分为两段，即：小里程段和大里程段。

（1）平行作业组织：小里程段和大里程段同时平行施工。

（2）顺序作业组织：小里程段和大里程段一先一后顺序施工。

（3）交叉作业组织：先后将小里程段和大里程段的路基填高 1.0m，利用良好季节，完成不利部分的填筑，然后交叉完成剩余部分路基填筑。

4．路基填筑的主要施工步骤是：

（1）基底处理；

（2）分层上土；

（3）洒水碾压；

（4）基床底层分层填筑；

（5）基床表层分层填筑；

（6）路基基顶成型；

（7）边坡整理防护；

（8）排水沟砌筑。

5．路堑挖方的主要施工步骤是：

（1）表层推土；

（2）分层钻爆开挖；

（3）基床成型；

（4）路堑边坡防护；

（5）侧沟、天沟砌筑。

【分析与提示】

1．方法要点一般要从材料选择、机械选型、工艺要点和注意要点上叙述。

2．施工步骤是将分部工程或单位工程拆解成较细的施工步骤按前后顺序进行的一种排列。

3．路堤和路堑施工步骤都要强调基床部分，这部分技术要求严格。

【案例 7】答：

1．水泥浆搅拌桩的作用原理是：

在搅拌桩机的上下旋转中将喷入的水泥浆与桩体内的泥土充分拌和，搅拌桩体发生化学固结并产生一定的承载力，同时桩间土在桩的限制下也产生一定的承载力，形成复合地基，能够承担路基土体自重和列车荷载。

水泥浆搅拌桩的主要施工步骤是：

（1）平整场地；

（2）定位测量；

（3）桩机就位；

（4）向下旋钻至桩底；

（5）边提钻边喷浆边搅拌；

（6）桩头段二次复喷复搅。

2．水泥浆搅拌桩桩体的无侧限抗压强度不足，发生质量问题的原因可能在如下几方面：

（1）水泥浆的主要材料水泥不合格；

（2）水泥浆配合比不合适；

（3）水泥浆喷量不足；

（4）搅拌不均匀；

（5）桩头段复搅拌不充分。

3．质量问题出现后应采取的解决措施是：采取侧位补桩的措施解决。

【分析与提示】

1．浆喷桩的无侧限抗压强度不足的原因要从材料质量、材料数量、材料计量、施工工艺这几个方面寻找。

2．理解本案例要了解搅拌桩的原理和工艺。

【案例8】答：

1．塑料排水板的作用原理是：

在下卧的软土层中插入塑料排水板，然后分层填筑路堤，随着路基填土产生的压力增大，软土中心的水分顺排水板的垂直排水通道向外排水，逐渐完成软土层的排水沉降固结过程，使软土层增加承载力，满足路基自重和列车荷载。

塑料排水板的主要施工步骤是：

（1）铺设一层砂垫层；

（2）定位测量与桩机就位；

（3）安装桩靴，插打排水板；

（4）剪排水板、埋排水板。

2．发生质量问题的原因可能在以下几方面：

（1）填筑速度过快；

（2）沉降观测不准确；

（3）地质勘测不准确，导致处理深度不够。

3．应采取的解决措施有：

（1）立即停止填筑；

（2）卸载反压护道；

（3）设计复查；

（4）地质复勘；

（5）沉降观测复查；

（6）查明原因后恢复施工。

【分析与提示】

1．理解本案例要从软土排水固结原理上入门，了解软土路基填筑时沉降观测的重要性。

2. 要明白反压护道的作用原理。

【案例9】答：

1. 主跨钢梁的施工技术方案是：

（1）在18号、19号墩完成后，自墩顶向两侧进行悬拼；

（2）墩顶段拼装后，在钢梁顶部对称安装2台移动吊机，循环提升钢梁杆件；

（3）采用定向扭矩扳手对高强度钢螺栓施拧，采用扭矩系数法控制预紧力；

（4）钢梁出厂前完成二度底漆，一度面漆，拼装完成后施作一度面漆，现场采用长臂式喷漆机喷涂。

2. 边跨梁部工程施工步骤及投入的主要机械：

（1）边跨梁部工程施工步骤为：

① 梁场建设；

② 预制梁；

③ 首三孔梁架设；

④ 架桥机拼装；

⑤ 运梁；

⑥ 架桥机架梁；

⑦ 桥面系安装。

（2）投入的主要施工机械设备有：梁场移梁龙门，梁场拌和机，张拉千斤顶，运梁车。

3. T形梁预制的质量控制重点有：

（1）梁体混凝土强度、弹性模量；

（2）梁体外形尺寸；

（3）梁体预埋件位置；

（4）梁体防水层质量；

（5）梁体外观质量。

4. 该特大桥控制工期的部位和分部工程是：

控制工期的部位有两处，一是特大桥主跨，包括主跨基础、墩身和钢梁架设；二是边跨T形梁，包括预制、架设。

【分析与提示】

主跨被列为控制性工程是因为深水桥墩及主跨钢梁，边跨简支梁被列为控制性工程是因为铁路32m简支梁采用公铁两用架桥机，架梁、制梁有一定的难度，本案例32m简支T形梁规模大、数量多。

【案例10】答：

1. 施工单元划分与施工队伍配置如下：

单元	范围	施工队伍配置
一	0 号～16 号墩	桩基一队、桥梁一队
二	17 号～20 号墩	桩基二队、桥梁二队、水上机械队
三	21 号～59 号墩	桩基三队、四队；桥梁三队、四队
四	0 号～59 号梁	制梁场、架梁队、钢梁队

2. 全桥的施工顺序框图如下：

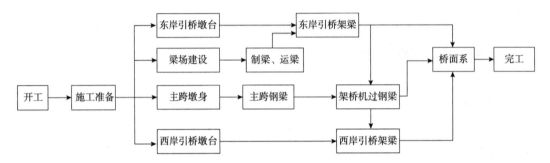

3. 主跨的安全施工风险源简述如下：

（1）水上作业；

（2）高空作业；

（3）起重与架梁作业；

（4）钻桩、灌桩作业。

4. 主跨安全作业预防措施简述如下：

（1）水上作业措施要点：

1）大风天气禁止水上浮吊、驳船的作业与运输；

2）设置明显航道限界标识和防冲撞设施；

3）进入航道区的施工船，要符合安全审定，严格按要求行驶；

4）设置救生船，预防和准备随时抢救施工人员落水等。

（2）高空作业措施要点：

1）高空作业人员必须系安全带；

2）作业平台四周设置安全护栏；

3）脚手架、作业平台要做安全验算；

4）作业区下方严格控制人员进入。

（3）起重与架梁作业措施要点：

1）严禁超负荷起重；

2）必须设专人指挥作业；

3）配置必要的通信器材；

4）起重架梁时严禁重物下站人。

（4）钻孔与灌桩作业：

1）桩机安放必须稳固；

2）用电符合安全要求，防止漏电；

3）起、拔钻杆、导管必须轻拿轻放；

4）桩孔附近设置防滑板，防止人员滑入桩孔。

【分析与提示】

1. 总体施工顺序是表达一项工程或单位工程里主要施工项目（或施工工序）之间内在的逻辑顺序关系及安排的前后顺序关系。

2. 施工风险源也可以理解成容易发生危险的作业，此处有高空、水上、起重吊装、架梁、桩基作业等多个风险控制点。

3. 预防措施是指具体施工作业应该做到的做法和必须遵守的要求、准则。

【案例11】答：

1. 区间有一处换边拨接龙口施工，其施工技术方案是：

（1）龙口以外的新线路基、桥涵、轨道施工；

（2）龙口处的路基帮宽施工；

（3）要点临时封锁线路，快速拨接，电务配合，形成单向施工；

（4）龙口部分的旧线改造，尾工施工，双线开通运行。

2. 拨接龙口处的施工进程详见下图：

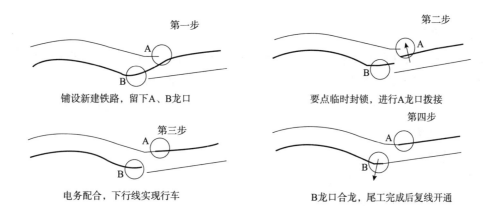

第一步	第二步
铺设新建铁路，留下A、B龙口	要点临时封锁，进行A龙口拨接
第三步	第四步
电务配合，下行线实现行车	B龙口合龙，尾工完成后复线开通

【分析与提示】

1. 铁路营业线轨道工程拨接采用图示来表达进程是比较好的表达方法，能够表达清楚在每个进程上轨道位置。

2. 轨道拨接施工要了解铁路的行车知识。

【案例12】答：

1. 车站施工过渡方案是：

（1）12号道岔预铺插入，铺设（Ⅲ）道延长部分，要点拆除旧岔，12号道岔利用旧岔信号作平移。

（2）行车走（Ⅲ）道形成过渡，9号与12号道岔直股锁闭，侧股开通，（Ⅰ）线，（Ⅱ）线股道区作抬高进行改造施工，（Ⅱ）线两端道岔拆除。

（3）要点临时封锁，9号、12号道岔一次抬高10cm。

（4）行车走（Ⅰ）道，（Ⅲ）道封锁，9号与12号道岔直股开通，侧股锁闭。

（5）抬高（Ⅲ）道，恢复（Ⅲ）道行车。

（6）施工过渡完成，其余轨道工程结合车站改造逐步完成。

2．单号道岔铺设方案和作业内容：

（1）1号、7号、11号道岔采取原位直接铺设方案，其作业内容有铺砟碾压、铺岔枕、铺轨、精细整道（岔）。

（2）3号、5号道岔采取滑移插入的铺设方案，其作业内容有预铺道岔、要点封锁、整体滑移、恢复信号连接、精细整道（岔）。

3．临时要点封锁作业程序：

（1）提前1个月递交申请报告；

（2）批准后施工准备；

（3）实施前1h施工单位安全人员驻站；

（4）设置施工标识，封锁作业至完成；

（5）检查线路与信号，解除封锁，移动施工标识牌撤除；

（6）施工人员撤出，驻站人员撤出。

【分析与提示】

1．车站施工过渡方案的制订要考虑道岔在列车进站和出站时的使用及信号的配合，尽量不增加新的信号装置，一般考虑既有信号的平移，保证信号作用和使用条件未做改变。

2．要点封锁作业程序各个铁路局具体要求不完全相同，本案例只做示范。

【案例13】答：

1．应选择的铺架方案是：在接轨站设置制梁场和轨排基地，采用机械化方案铺轨、架梁，铺架前采用汽车运输道砟，提前预铺道床。

原因是：轨道工程和梁部工程规模大，应采取机械化铺架，接轨站有条件设置铺架基地，架构梁运输困难，应该现场制梁，沿线石料丰富，可以就近分散铺设道床。

2．按照经验，平均每天可以架梁3孔，铺轨3km。

计算检验：189÷3 + 360÷3 = 183d ≈ 6个月，实施工期略小于要求工期，可行。

所以有关施工进度确定如下：

（1）制梁3孔/d，架梁3孔/d；

（2）轨排组装3km/d（包括沿线轨排），正线铺轨3km/d；

（3）站线铺轨 2km/d（利用架梁时间，铺轨机返回车站进行站线铺轨）。

3．采取换铺法铺设无缝线路，主要施工步骤是：

（1）焊轨厂焊接长轨条；

（2）运输长轨条；

（3）现场焊接单元轨；

（4）换铺单元轨；

（5）应力放散和无缝线路锁定。

4．装梁龙门、运梁车、架桥机、轨排吊装龙门、轨排运输车、铺轨机。

【分析与提示】

1．铁路上长轨条是指 300～500m 一节的轨条，一般在固定的焊轨厂内采用标准轨焊接而成。

2．铁路上单元轨是指 2～4 根长轨条焊接而成的特长轨条，一般在现场采用气压焊或闪光接触焊焊接而成。

3．了解铺架施工要从铺架基地预制梁和轨排的装、运、架、铺这几个环节上逐步了解，最后形成铺架知识体系。

【案例 14】答：

1．轨道工程宜采用火车运输道砟、区间卸车、人工摊平、机械碾压、人工铺轨、机械化整道的施工方案。因为轨道工程规模不大，不宜采用机械化铺轨，并且公路交通条件较好，容易组织轨料运输。

2．本案例为人工铺轨，其主要施工步骤是：

（1）测量定位，埋设线路桩；

（2）道床道砟铺设；

（3）轨枕道钉锚固；

（4）人工布枕；

（5）人工布轨；

（6）机械化整道。

3．本案例需要的轨道施工机具有：

（1）道钉锚固架；

（2）起道机；

（3）拨道机；

（4）道砟捣固机；

（5）拉轨器（轨缝调节器）；

（6）钢轨探伤仪；

（7）锯轨机；

（8）打孔机；

（9）轨道尺等测量器具。

【分析与提示】

1. 区间卸车是指将材料列车停在区间，直接将运输的材料卸在复线铁路位置上，这是非常经济的运输方式，但是申请手续较为复杂，不宜频繁进行，因为区间卸车对繁忙的干线影响行车。

2. 机械化整道质量较高，所以本案例虽然可以人工整道，但不提倡。

【案例 15】答：

1. 该段路基工程的主要施工步骤是：

（1）基底处理；（2）路基上土平整；（3）碾压检测；（4）路基基床填筑路碾压；（5）路基排水边坡防护。

2. 路基施工的质量控制重点：

（1）原地面清理及平整碾压；

（2）填料分层摊铺及压实厚度和压实工艺；

（3）路堤填筑层压实质量（压实系数，地基系数，相对密度，孔隙率）。

3. 该案例的公路立交桥主要施工步骤是：

（1）桥侧位基坑开挖；（2）顶进框构桥预制；（3）钢便梁架设与线路防护；（4）框构桥顶进；（5）钢便梁拆除及线路恢复。

4. 顶进桥的安全控制重点：

（1）防护便桥架设后列车安全；

（2）施工时需要拆除现有框构桥端翼墙、桥台护锥时，营业线路基安全；

（3）顶进现场施工人员安全；

（4）施工机具堆放和作业机械在营业线旁的施工安全。

【分析与提示】

1. 钢便梁是铁路部门研制的专门用于顶进施工时保护铁路线路安全的装置。

2. 钢便梁的架设和拆除要分次要点封锁线路多次作业才能完成。

【案例 16】答：

1. 进口宜采取小导管超前注浆加固围岩，台阶法短进尺开挖，锚喷支护紧跟，初期支护尽早封闭成环的进洞措施。其施工步骤为：（1）小导管注浆；（2）上台阶开挖；（3）隧道拱顶锚喷支护；（4）下台阶开挖；（5）边墙锚喷支护；（6）底部开挖；（7）仰拱施作。

出口宜采取长管棚支护，短进尺开挖，锚喷支护紧跟，尽早成环的技术措施，其施工步骤为：（1）长管棚钻孔、插管、注浆；（2）围岩开挖；（3）格栅架立；（4）混凝土喷射；（5）底部开挖；（6）仰拱施作。

2. 采用的施工方案是：

进出口两个作业面同时掘进，进口采取小导管注浆超前支护的方法进洞，出口采取长管棚超前支护的方法进洞，洞身采取全断面开挖，锚喷初期支护，有轨出渣，扒渣机装岩、电动车牵引梭矿车运渣，初期压入式通风，后期混合式通风，液压台车进行模筑衬砌。

决定施工方案的主要因素是：

隧道长度、宽度、工期、地质状况。隧道长度与工期决定了隧道需要两头掘进方案，隧道长度、宽度决定了出渣需采取有轨出渣、混合通风方案，优先考虑出渣方案、通风方案，然后考虑开挖、衬砌方案。

3．该隧道洞身段的主要施工步骤是：

（1）开挖；（2）通风；（3）出渣；（4）支护；（5）仰拱与填充；（6）挂铺防水板；（7）衬砌；（8）沟槽。

4．主要施工安全控制重点列表表述如下：

序号	重点项目	重点控制内容
1	开挖	风枪钻眼、装药点炮，炸药雷管运输保管，围岩清除
2	出渣	扒渣机作业、矿车运输作业
3	支护	格栅架立、锚杆钻眼，混凝土湿喷
4	挂铺防水板	施工台架稳定，台架上人员高空作业
5	衬砌	台车移动时的稳定，混凝土运输，泵送浇筑

【分析与提示】

1．完整的施工方案包含了作业面数量安排、队伍安排、施工顺序安排以及所采取的施工方法和主要机械。本案例因为不能展开，只偏重施工方法和机械的描述，并不完整。

2．安全控制重点的控制内容仅为示例，未做完全罗列。

【案例 17】答：

1．安全穿越富水断层带的主要措施有：

（1）超前帷幕注浆；

（2）短进尺台阶法开挖；

（3）小间距格栅或钢拱架喷射混凝土施工支护；

（4）仰拱施作支护封闭成环；

（5）衬砌紧跟；

（6）加强监控量测。

2．出口段石灰岩地质施工前后要做的防范措施有：

（1）前方溶洞探测；

（2）前方岩溶水探测；

（3）有害气体探测；

（4）隧底或隧顶溶洞探测。

3．应采取如下救人措施：

（1）靠近坍塌地段要加强支护，防止再次坍塌伤人；

（2）打入管道或通过完好的主供风管、主供水管向掌子面提供新鲜空气；

（3）通过管道向掌子面输送牛奶等食物；

（4）侧向钻爆打小洞或从坍方体内掏小洞进入掌子面救人。

【分析与提示】

1．铁路上考虑水环境的保护，对隧道的富水断层破碎带，要求尽量采取"以堵为主，限量排放"的治水方针。

2．有溶洞的地段，一般要考虑岩溶水的探测和有害气体的探测。

【案例18】答：

1．应采取2个作业面掘进。因为1个作业面不能满足工期要求，3个作业面没有必要。2个作业面完全能满足工期要求。

2．应该设在3号特大桥小里程桥头，这样使两端最大运梁距离相差不大且在隧道施工期间可先架设3号特大桥。

3．架梁顺序：先架设3号特大桥，再架设2号特大桥，最后架设1号特大桥。

【分析与提示】

本案例考虑隧道常规的施工进度指标及架梁方案。

【案例19】答：

1．合理的工区和施工任务划分见下表：

工区	范围	施工单位	施工任务
一	起点～隧道中央	一公司	1号、2号桥及路基、1/2隧道
二	隧道中央～3号桥钢梁（含）	二公司	1/2隧道、制梁、架梁，1/3的3号桥施工
三	3号桥钢梁（不含）～终点	三公司	2/3的3号桥施工

2．重新划分的施工任务见下表：

工区	范围	施工单位	施工任务
一	起点～隧道进口	一公司	管区内路基、1号、2号桥梁下部
二	隧道进口～隧道出口	隧道公司	隧道
三	隧道出口～3号桥中央	二公司	管区内路基、3号桥梁的1/2下部
四	3号桥中央～终点	三公司	管区内路基、3号桥梁的1/2下部
五	1号、2号、3号桥制梁、架梁	桥梁公司	梁场建设、制梁、架梁、桥面系等

3．该标段内控制性工程是：

梁场建设，钢梁拼装，箱梁预制、架设，隧道掘进，隧道衬砌。

4．方案调整－1：隧道增加工作面，增加制梁场的制梁进度。

或采用方案调整－2：1号、2号桥采用移动模架施工，减小制梁场规模，箱梁不过隧道。

【分析与提示】

1．方案调整不止两个方案，仅供参考。

2．方案调整－2中，当1号、2号桥梁高度不高时，也可采用支架现浇法施工，不一定非要采取移动模架，或者两者结合。

【案例20】答：

1．还可以利用车站A、车站C作为临时停放点。理由是：因为车站D关闭后不能使用，而车站A和车站C在铺架达到前可先进行改建，改建后可作为临时停放点。

【分析与提示】

本题主要考察既有线改建施工，需要一定的现场实践经验。既有车站关闭即车站不再使用。既有线在改建中不能中断行车，因此铺架设备等工程列车可利用既有车站进行列车避让。

2．本标段控制性工程有：站场改建和铺架工程。

【分析与提示】

根据背景资料可知，本标段的路基、桥梁工程量均不大，工期24个月，因此主要是铺架和站改控制工期。

3．工具轨存放区、轨排生产区、存梁区、机修区。

【分析与提示】

本题主要考察大型临时工程中铺架基地内应当具备的主要生产区，要求考生有一定的现场实践经验。

【案例21】答：

1．应选第三种方案。第一种方案违反安全操作规程，既无法保证工程质量，也不能保证行车安全和施工安全；第二种方案虽能保证施工安全，但造价过高；第三种方案能保证工程质量，也能保证施工安全和行车安全。

2．首先进行线路防护和线路封闭工作；然后采用机械将轨道抬起，掏走一些道砟和路基的土，但不能超挖路基土；挖走道砟和土到设计位置，换铺钢轨；最后是机械整道工作。

3．（1）施工前施工准备工作：① 施工单位要与铁路设备管理部门和行车组织部门分别签订施工安全协议书，明确安全责任；② 将施工计划经设备管理部门会签后报请行车组织部门批准，纳入月度施工计划；③ 施工前，要向设备管理部门进行施工技术交底，特别是影响行车安全的工程和隐蔽工程；④ 施工前应做好营业线设施的安全防护工作；⑤ 施工用的临时道口必须报经有关部门批准。

（2）封锁拨接施工前，施工单位应在要点站施工登记本上按施工方案确定的内容登记要点申请。

掌握营业线施工的要求。

【案例 22】答：

1. 不正确。根据现行规定，工程施工承包单位不得转包和违法分包工程。确需分包的工程，应在投标文件中载明，并在签订合同中约定。开工后拟将部分工程任务分包给某专业承包商，必须经过建设单位的同意后进行。

2. B 公司对本工程中因质量问题返工造成损失负有直接责任，施工总承包企业（A 公司）向业主对分包工程出现的质量问题承担连带责任。业主向 A 公司索赔，A 公司向 B 公司索赔。

3. 保证软基处理工程工期的施工措施有：① 调整优化剩余工作施工进度计划；② 加大施工人员和设备的投入量，增加施工工作面，加快施工进度；③ 调整工作班制，由每天一班制调整为每天两班制，加快施工进度；④ 加强劳动力管理；⑤ 加强施工调度，保证连续作业，提高劳动效率；⑥ 完善冬雨期施工措施，避免窝工；⑦ 及时验工计价，保证资金供应。

【案例 23】答：

1. 质量控制要点有：

（1）支架基底处理；（2）支架架立与受力检算；（3）支架预压；（4）预拱度设置；（5）预应力管道安装及张拉；（6）混凝土配合比设计；（7）混凝土浇筑；（8）混凝土养护；（9）支座安装。

【分析与提示】

此题考查支架现浇梁施工工艺和质量控制要求。

2. 不妥之处：

（1）转岗劳务人员未进行培训直接上岗。（2）只进行口头技术交底。

整改措施：（1）对上场劳务人员重新进行培训，考核合格后上岗。（2）对作业工班重新进行书面技术交底。

【分析与提示】

此题考查对铁路工程劳务管理、技术管理方面的知识掌握。

3. 不正确。

正确的处理程序：施工单位必须详细核对设计文件，依据施工图和施工组织设计施工。对设计文件存在的问题以及施工中发现的勘察设计问题，必须及时以书面形式通知设计、监理和建设管理单位，应遵循"先申请，后变更；先变更，后施工"的程序。

【分析与提示】

此题考查变更设计管理规定相关的知识。根据管理规定：变更设计必须坚持"先批准、后实施，先设计、后施工"原则，严格依法按程序进行变更设计，严禁违规进行变更设计。解题思路是根据管理规定要求结合背景资料中的相关做法进行判定并加以更正。

4. 造成质量缺陷的原因：（1）箱梁施工养护措施采取不当。（2）水泥规格品种选择不当。（3）混凝土拌和水灰比控制不严。

正确做法：（1）夏天温度高，箱体进行覆盖养护，箱室采取降温措施。（2）应选用水化热低的矿渣水泥。（3）严格控制水灰比，降低坍落度波动幅度。

【分析与提示】

此题考查支架现浇梁混凝土质量控制方面的知识掌握，需要一定的现场施工经验。

【案例24】答：

1. 根据背景资料，施工单位应编制下列安全专项施工方案：

（1）基坑防护与基桩开挖工程。

（2）起重吊装工程。

（3）脚手架工程。

（4）高空作业。

（5）水上作业。

（6）道路安全作业。

（7）模板工程。

2. 安全技术交底应由项目技术负责人就有关安全施工的技术要求向施工作业班组、作业人员详细书面说明，并由双方签字确认。

3. 事故发生后，施工单位不仅应及时、如实向建设单位报告，同时还应向当地安全生产监督管理部门报告。

4.（1）该专项施工方案未履行总监理工程师审核的程序。安全专项施工方案，应进行评估（或分析、检算），经技术负责人签字，总监理工程师审核后实施。

（2）该项目部要求作业班组长在现场监督实施是错误的。安全专项施工方案，要求由专职安全管理人员进行现场监督实施。

【案例25】答：

1. 当考虑存梁场地受限制或工期紧张时，按下面方式计算。为使制梁进度与架设进度基本均衡，制梁应至少提前 35d 开始，持续时间为 420/2 = 210d，每天按平均 2 孔进度生产，需 10 个制梁台座。

2. 制梁总数量／（制梁工期／每片梁在台座的周转时间）＝ 420/（210/5）＝ 10 个

需要存梁台座：35×2 = 70 个

若有场地存梁，工期不紧张时，可采用下面方式：如计划架梁进度不变，可按架梁进度指标的一半安排预制进度，即 1 孔/d，需 5 个制梁台座，存梁台座数量将大幅度增加，将达到箱梁孔数的 50%。

【案例 26】答：

1. **存在质量问题：**

（1）片石块偏小，不满足最小粒径应大于 15cm 的要求；

（2）缝隙处砂浆不饱满，可能采用灌浆法施工，未采用挤浆法施工；

（3）挡墙后面路基边坡处存在有膨胀土，填料及填筑不符合验收标准要求。

2. **施工单位质量管理存在问题：**

（1）施工质量管理体系不健全；

（2）技术负责人未对现场管理人员和施工人员做好技术交底；

（3）质量计划不完整。

3. 不完整。还缺少以下内容：

（1）组织机构；

（2）必要的质量控制手段，施工过程、服务、检验和试验程序等；

（3）确定关键工序和特殊过程及作业指导书；

（4）与施工阶段相适应的检验、试验、测量、验证要求。

【案例 27】答：

1. 隧道内洞口段合理的施工防排水原则：为避免和减少水的危害，应按以堵为主，限量排放的原则进行治水。

理由：水土保护 [或（1）村庄、水田，（2）隧道局部地段浅埋，围岩破碎]。

2. 施工工序中代表的名称：A 为初期支护、B 为二次衬砌。

3. 防水板搭接工序中的 C 为 15；防水板铺设工序中的 D 为 60。

4. 根据关系图显示该围岩所处的状态是危险（1 级管理）状态。

应采取的措施有：（1）停止掘进（开挖）；（2）立即撤人；（3）加强临时支护（临时仰拱、喷锚支护、钢架、锚杆等）；（4）加强监控（量测）。

【案例 28】答：

1. 隧道掘进循环时间、进度指标安排见下表。

隧道掘进循环时间及进度指标安排表

名称	围岩类别			备注
	Ⅲ级围岩	Ⅳ级围岩	Ⅴ级围岩	
循环进尺（m）	4	2.5	1.5	1. 考虑施工中一些不利因素的影响，实际安排的生产能力有所折减。2. 超前地质预报根据具体情况使用长期、中期、短期结合方法进行
地质预报（min）	30	30	80	
测量放线（min）	30	30	30	
超前支护（min）			260	
钻孔（min）	200	120	80	
装药（min）	120	120	120	

名称	围岩类别			备注
	Ⅲ级围岩	Ⅳ级围岩	Ⅴ级围岩	
爆破（min）	10	10	10	1．考虑施工中一些不利因素的影响，实际安排的生产能力有所折减。2．超前地质预报根据具体情况使用长期、中期、短期结合方法进行
通风（min）	64	60	60	
找顶（min）	50	50	50	
初期支护（min）	120	150	257	
装、运渣（min）	240	150	90	
循环作业时间（min）	864	720	1037	
理论进尺（m/月）	200	150	62.5	每月按30d计算，每天按24h三班作业
进度指标（m/月）	160	120	50	考虑实施施工各种不利因素，按理论进度的80%安排

2．5个隧道作业队的洞身掘进工期计算如下：

（1）各施工单元的掘进工期计算见下表。

隧道洞身掘进工期计算表

单元	围岩长度（m）			工期（月）	备注
	Ⅲ类	Ⅳ类	Ⅴ类		
掘进指标（m/月）	160	120	50	—	—
A	—	86	168	4.08	掘进指标：Ⅲ级：160m/月 Ⅳ级：120m/月 Ⅴ级：50m/月
B	1730	700	—	16.65	
C	470	400	400	14.27	
D	730	—	—	4.56	
E	680	—	—	4.25	
F	70	600	600	17.44	
G	1562	550	195	18.25	

（2）5个隧道作业队的洞身掘进工期分别为：

隧道出口作业队掘进工期：包括施工准备、出口段洞口施工、洞身A单元施工。掘进工期为：3＋1＋4.08＝8.08个月。

隧道横洞作业队掘进工期：包括施工准备、横洞施工、洞身B单元施工。掘进工期为：3＋3＋16.65＝22.65个月。

隧道1号斜井作业队掘进工期：包括施工准备、1号斜井施工、洞身C或D单元施工（两者比较去大值）。掘进工期为：3＋7＋14.27＝24.27个月。

隧道2号斜井作业队掘进工期：包括施工准备、2号斜井施工、洞身E或F单元施工（两者比较去大值）。掘进工期为：3＋6＋17.44＝26.44个月。

隧道进口作业队掘进工期：包括施工准备、进口段洞口及明洞施工、洞身 G 单元施工。掘进工期为：3 ＋ 3 ＋ 18.25 ＝ 24.25 个月。

【案例 29】答：

1. 施工组织安排存在问题：

（1）该施工单位采取的并不是正台阶法，下台阶开挖太快；

（2）Ⅳ、Ⅴ级围岩属于软弱围岩，循环进尺太大，违反软弱围岩应"短开挖"的原则；

（3）支护不及时；

（4）衬砌封闭太慢；

（5）在出口段浅埋隧道未采取合理的超前支护和地表预加固措施；

（6）在现场未显示出采取合理科学的监控量测措施，对围岩特别是上拱部施工变形未监控到位。

2. 通过冲沟地段，应采取以下措施：

（1）实施超前地质预报和地质探测；

（2）在出口段进行地表注浆预加固，提高冲沟处围岩稳定性；

（3）在洞内开挖采取长管棚超前支护或小导管超前支护；

（4）短进尺，弱爆破，减少对围岩扰动；

（5）加强监控量测，观测围岩变形；

（6）加强径向锚喷支护，早封闭，快衬砌。

3. 靠近坍塌地段要加强支护，防止再次坍塌伤人；打入管道或通过完好的通风管、主供水管向掌子面提供新鲜空气；通过管道向掌子面输送牛奶等食物；侧向钻爆打小洞或从塌方体内掏小洞进入掌子面救人；联系数量足够的 120 救护车和医务人员，在营救现场待命抢救伤员。

【案例 30】答：

1. 应划分为三个工区；

一工区施工范围为：DK0 ＋ 000～DK19 ＋ 400；

二工区施工范围为：DK19 ＋ 400～DK40 ＋ 050；

三工区施工范围为：DK40 ＋ 050～DK59 ＋ 800。

【分析与提示】

此题考查铁路工程项目施工任务分解相关知识的应用。施工任务的分解原则是：在保证工期的前提下，工区安排的施工范围要便于管理，工区的多少要与整体工程相协调，工区的大小应有利于资源配置和劳动组织，各区段的工程任务量要尽量均衡，使整体施工进度均衡。针对本工程项目，由于中间有两座隧道，从便于管理的角度应以隧道中心为分界进行工区划分。

2. 该工区应配备的施工队伍为：1 个隧道队；1 个桥涵队；2 个路基队。

【分析与提示】

此题主要考查如何合理配置施工队伍资源。根据背景资料可知，顺河特大桥所在工区主要工程内容包括：1座688m的特大桥，两段路基和岐山1号隧道进口工程。688m的特大桥最多配置1个队伍，隧道只有一个口，只能配置一个队伍，路基有两段按精干高效的原则最多配置两个队伍。

3．施工方案：

岐山1号隧道采用全断面掘进施工方案；

岐山2号隧道采用台阶法掘进施工方案。

【分析与提示】

此题主要考查隧道开挖方法的选用。隧道开挖根据围岩情况应选用不同的开挖工法，对于单线隧道Ⅱ、Ⅲ级围岩地段可采用全断面法施工；Ⅳ级围岩地段可采用台阶法施工。岐山1号隧道为Ⅲ级围岩可以采用全断面法施工，岐山2号隧道为Ⅳ级围岩，可采用台阶法施工。

4．主要机械设备应有：风钻、空压机、通风机、装载机、汽车（或有轨矿车）、混凝土喷射机、衬砌台车、混凝土拌和机、混凝土运输车、混凝土输送泵。

【分析与提示】

此题主要考查隧道工程机械设备的选用和配置。隧道工程机械设备可划分为开挖机械设备、锚喷支护机械设备和衬砌机械设备。开挖机械主要有：风钻、空压机、通风机、装载机、汽车（或有轨矿车）；锚喷机械主要有：混凝土喷射机；衬砌机械主要有：衬砌台车、混凝土拌和机、混凝土运输车、混凝土输送泵。

5．施工流程为：钻眼→装药放炮→通风→出渣→支护→衬砌。

【分析与提示】

此题主要考查对隧道施工工序及施工顺序的掌握。隧道施工是严格按照一定的顺序循环作业。由多种作业构成，开挖、支护、出渣运输、通风及除尘、防水及排水、供电、供风、供水等作业缺一不可。总的来说按照开挖、支护两条主线施工。

开挖为钻孔→装药→爆破→通风→出渣的作业循环。

支护为打锚杆→立钢拱架→喷混凝土→衬砌作业循环。

【案例31】答：

1．本工程的长度为28km，工期16个月，工程类型包括路基、桥涵和隧道的特点，考虑路基的调配方案和隧道出渣的利用，可将工程划分为如下三个施工工区（平面示意图见下图）。

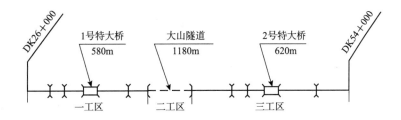

从起点DK26＋000到大山隧道入口为一工区，配备路基施工架子一队，负责本工区路

基工程，桥涵施工架子一队，负责1号特大桥工程和本区的小桥涵；

大山隧道为二工区，配备隧道施工架子队一个；

从大山隧道出口到终点DK54＋000为三工区，配备路基施工架子二队，负责本工区路基工程，桥涵施工架子二队，负责2号特大桥工程和本区的小桥涵。

2. 工程（或工序）可以平行施工或顺序施工：土石方工程；小桥涵工程。

必须先后施工：2号桥利用1号桥钢模板，先施工完1号桥，再施工2号桥；先施工完线下工程，才能进行轨道工程施工。

3. 为确保铺轨按期通过本标段，应加快施工进度，对重点工程施工组织应该调整如下：

隧道可由原来的单口掘进施工方案修改为进出口双口掘进，以增加施工工作面。

考虑1号桥工程量仅完成45%，2号桥尚未开工，应增加模板按流水作业组织两个桥的施工，以加快施工进度。

【分析与提示】

掌握工区划分，施工队伍配备，施工顺序组织。

【案例32】答：

1. 本工程规模比较大，因此，应首先将整个铁路项目分解为两个工区；再根据工程项目所包含的不同类别的工程，继续分解为不同的施工单元。每个单元由几个单位工程组成，或由一个较大的单位工程构成。

2. 针对本工程的不同施工对象，应采取的施工作业组织形式是：一般几个工区按平行作业组织施工；工区内同一一类型的单位工程按流水作业组织施工；单位工程内一个工作面上按顺序作业组织施工。

3. 确定不同施工作业顺序的依据是：

（1）统筹考虑各工序之间的工艺关系和组织关系；

（2）考虑施工方法和施工机械的要求；

（3）考虑当地气候条件和水文要求，安排施工顺序考虑经济和节约，降低工程成本。

4. 进度计划优化调整有工期优化、费用优化和资源优化三种方式。

工期优化是以工期合理或缩短工期为目标，使其满足规定的总体要求，对初始网络计划加以调整。一般是通过压缩关键工作的持续时间或者调整分项工程的搭接关系，从而缩短关键线路。压缩关键线路的时间时，会使某些时差较小的次关键线路上升为关键线路，这时需要再次压缩新的关键线路，如此依次逼近，直到达到规定工期为止。

5. 当初始网络计划计算工期大于目标工期时，一般应进行工期优化或费用优化；当优化后的网络计划计算工期已经在目标工期内以后，一般还要进行工期固定，资源均衡的优化。

【案例33】答：

1. 正确的做法：

（1）应当设立钢筋加工场，采用工厂加工半成品，现场绑扎。

（2）乙炔气罐和氧气罐之间存放距离应不小于5m，乙炔气罐和氧气罐与焊接点距离应不小于10m。

（3）碗扣式脚手架首层立杆应采取不同长度交错布置。

2．采取的措施：

（1）超前地质预报，查明地质状况。（2）采取帷幕注浆止水。（3）增设泄水导坑。

3．采取的措施：

（1）洞外增设斜井（横洞）。（2）洞内增设迂回导坑。

4．（1）不正确。正确说法是：邀请厂家、建设单位、监理单位人员到现场监督验收。

（2）不正确。正确说法是：由具有国家计量认证资质的试验单位对设备的电气性能进行检查测试，并出具试验报告。

（3）不正确。正确说法是：运动调试采用同步分级方式。

5．还应采取的措施是：

（1）按照调度命令上的限速进行行驶。（2）平板车上的料具必须装载加固。（3）运行途中，作业台上不允许有人。（4）施工负责人、驻站联络员、现场防护员之间的通信必须保持畅通。

综合测试题（一）

一、单项选择题（共 20 题，每题 1 分。每题的备选项中，只有 1 个最符合题意）

1. 根据施工测量缺陷分类，属于严重缺陷的是（   ）。
   A. 控制点位选择不当   B. 计算程序采用错误
   C. 上交资料不完整   D. 观测条件掌握不严

2. 混凝土的立方体抗压强度试验，三个试件强度为 33MPa、40MPa、41MPa，该组试件的强度代表值为（   ）MPa。
   A. 33   B. 38
   C. 40   D. 41

3. 组合体系拱桥的主要承重结构是（   ）。
   A. 拱和吊杆   B. 拱和梁
   C. 梁和吊杆   D. 梁和立柱

4. 全悬臂拼装钢梁时，组拼工作由桥孔一端悬拼到另一端，为减少悬臂长度，通常在另一侧桥墩旁边设置附着式托架。此种方法适用于（   ）。
   A. 陆地架设的桥梁   B. 季节性河流上架设的桥梁
   C. 浅河易于设置临时支墩的桥梁   D. 河中不易设置临时支墩的桥梁

5. 平缓山地下切的短而浅的一般土石路堑，中心开挖高度小于 5m，施工时宜选择（   ）开挖方式开挖路堑。
   A. 全断面   B. 横向台阶
   C. 逐层顺坡   D. 纵向台阶

6. 钻孔桩水下混凝土的灌注可采用下列（   ）方法。
   A. 泵送法   B. 横向导管法

C. 竖向导管法　　　　　　　　　　D. 直接灌注法

7. 先张法预应力混凝土简支梁预制施工中，当桥面钢筋及预埋件安装工作完成后，下一道工序是（　　）。

A. 张拉预应力束　　　　　　　　　B. 浇筑混凝土

C. 安装端头模板　　　　　　　　　D. 安装梁体钢筋

8. 隧道穿越地下水丰富的较完整石灰岩地层时，超前地质预报的重点是探明（　　）。

A. 岩溶　　　　　　　　　　　　　B. 节理发育带

C. 断层　　　　　　　　　　　　　D. 有害气体

9. 永久性隧道及地下工程中常用的衬砌形式是（　　）。

A. 施工衬砌和永久衬砌

B. 初期衬砌和钢筋混凝土永久衬砌

C. 整体混凝土衬砌、复合式衬砌和锚喷衬砌

D. 整体混凝土衬砌、复合式衬砌和钢材衬砌

10. 岩溶路基钻孔注浆作业的施作顺序为（　　）。

A. 顺序施钻，延后注浆　　　　　　B. 顺序施钻，同步注浆

C. 跳孔施钻，延后注浆　　　　　　D. 跳孔施钻，同步注浆

11. 岩溶隧道超前地质预报应采用以（　　）为主的综合预报方法。

A. 超前地表钻探　　　　　　　　　B. 超前水平钻探

C. 红外探测　　　　　　　　　　　D. 地质雷达探测

12. 某单线隧道位于弱风化泥质砂岩中，按台阶法施工，施工中发现上台阶拱脚收敛值超标，宜采取的措施为（　　）。

A. 施作临时仰拱　　　　　　　　　B. 施作超前管棚

C. 施作临时竖撑　　　　　　　　　D. 反压核心土

13. 人工上砟整道作业，正确的作业顺序是（　　）。

A. 方枕→串轨→起道→补砟→捣固→拨道

B. 方枕→串轨→补砟→起道→捣固→拨道

C. 串轨→方枕→起道→补砟→捣固→拨道

D. 串轨→方枕→补砟→起道→捣固→拨道

14. 铁路线路两侧应当设立铁路线路安全保护区。铁路线路安全保护区的范围是从铁路线路路堤坡脚、路堑坡顶或者铁路桥梁外侧起向外的距离。其中在城市市区安全保护区范围应不少于（　　）。

    A. 4m   B. 6m

    C. 8m   D. 10m

15. 控制电缆敷设前对电缆绝缘进行测试的仪表是（　　）。

    A. 万用表   B. 接地电阻测试仪

    C. 兆欧表   D. 钳流表

16. 直流正极母线在涂刷相色漆、设置相色标志的颜色为（　　）。

    A. 黄色   B. 蓝色

    C. 红色   D. 赭色

17. 铁路工程施工考核扣减费用应纳入（　　）。

    A. 项目管理费   B. 安全生产费

    C. 项目招标节余   D. 总承包风险费

18. 铁路建设工程质量事故实行逐级报告制度。下列事故类别中，应逐级上报地区铁路监督管理局的是（　　）。

    A. 特别重大事故   B. 重大事故

    C. 较大事故   D. 一般事故

19. 在施工天窗作业时，技改工程、线路大中修及大型机械作业时间不应少于（　　）。

    A. 60min   B. 70min

    C. 90min   D. 180min

20. 营业线施工方案审核确定后，施工单位应当与（　　）按施工项目分别签订施工安全协议。

    A. 建设管理单位、行车组织单位   B. 设备管理单位、行车组织单位

    C. 设备管理单位、勘察设计单位   D. 建设管理单位、勘察设计单位

二、多项选择题（共10题，每题2分。每题的备选项中，有2个或2个以上符合题意，至少有一个错项。错选，本题不得分；少选，所选的每个选项得0.5分）

1. 下列填料中，属于重载铁路和设计速度200km/h及以下的有砟轨道铁路基床以下路堤填料的有（   ）。

    A. A组填料   B. B组填料

    C. C组填料   D. D组填料

    E. 化学改良土

2. 混凝土的耐久性指标应根据（   ）确定。

    A. 结构设计使用年限   B. 配合比

    C. 所处环境类别   D. 作用等级

    E. 工程地质条件

3. 关于重力式挡土墙的说法，正确的有（   ）。

    A. 浸水地区和地震地区的路堤和路堑，不宜采用重力式挡土墙

    B. 重力式挡土墙墙身材料可采用片石混凝土、普通混凝土等

    C. 路肩地段可选择衡重式挡土墙或墙背为折线形的重力式挡土墙

    D. 为使重力式挡土墙不出现病害，宜将排水孔砌成倒坡

    E. 路堤和路堑地段可选择墙背为直线的重力式挡土墙

4. 下列构件中，属于扶壁式挡土墙组成部分的有（   ）。

    A. 立壁板   B. 墙趾板

    C. 扶壁   D. 墙踵板

    E. 锚定板

5. 钢梁悬臂拼装的主要方法有（   ）。

    A. 全悬臂拼装   B. 半悬臂拼装

    C. 中间合龙悬臂拼装   D. 半对称悬臂拼装

    E. 平衡悬臂拼装

6. 隧道爆破作业时，关于周边眼布置的说法，正确的有（   ）。

    A. 周边眼沿开挖断面轮廓线布置   B. 周边眼间距应大于其抵抗线

    C. 周边眼间距小于辅助眼间距   D. 周边眼眼底深于辅助眼眼底

E．周边眼眼底浅于掏槽眼眼底

7．关于明挖基础基坑基底处理的说法，正确的有（　　　）。

A．对于岩层基底可以采用直接砌筑基础的方法

B．岩石基底在砌筑基础时，应边砌边回填封闭

C．基底有泉眼时，可用堵塞或排引的方法处理

D．碎石类及砂土类土层基底承重面应修理平整

E．黏性土层基底修整时，超挖处用回填土夯平

8．一根交流单芯电缆穿保护管时，可以使用的管材为（　　　）。

A．铜管　　　　　　　　　　　B．铝管

C．钢管　　　　　　　　　　　D．PVC 管

E．陶土管

9．按铁路项目总承包合同约定属建设单位承担的费用，需另行签订补充合同。下列项目中属于需要另行签订补充合同的有（　　　）。

A．Ⅰ类变更设计　　　　　　　B．施工方案优化

C．限额以上的Ⅱ类变更设计　　D．大临费用增加

E．材料设备价差

10．下列不良行为中，属于铁路项目信誉评价一般不良行为认定标准的有（　　　）。

A．隐蔽工程未经检验合格而进入下一道工序的

B．未编制安全专项方案或未经评审的

C．不按规定使用和保管爆破器材的

D．特种作业人员无证上岗作业的

E．使用未经检验原材料、构配件的

三、实务操作和案例分析题（共 5 题，1、2、3 题每题 20 分，4、5 题各 30 分。请根据背景材料，按要求作答）

【案例 1】

某段普通铁路增建二线工程，主要工程项目有路堑、路堤和桥梁。其中路堑段增建的二线铁路紧邻既有线，断面设计是对既有线靠山侧山体进行扩挖，最大开挖高度为 10m，开挖体地质为强风化、中风化泥岩，主要支挡工程为抗滑桩；路堤大部分地段位于一水库上游，

设计为单绕新建路堤，基床底层及以下路堤填料采用砂砾石，基床表层采用级配碎石。施工中发生以下事件。

事件 1：路堑开挖施工前，施工单位编制了专项施工方案。方案主要要点是：先将该路堑段设计相邻的 10 根抗滑桩同时开挖，开挖完成后集中灌筑混凝土；待抗滑桩全部完成后，再进行石方开挖，开挖方式采用浅孔爆破。

事件 2：正式填筑路堤前，施工单位进行了路堤填筑（基床底层及以下路堤）工艺性试验，试验段位置选择在地势平坦的路堤中间地段，长度选择为 80m。工艺性试验形成的成果包括：机械设备组合方式、松铺厚度、压路机碾压方式和碾压遍数。监理工程师检查发现试验段选择不符合规范要求，报送的工艺性试验成果内容不全。

事件 3：路堤与桥台过渡段填筑时，施工单位先填筑台后过渡段路堤，再填筑桥台锥体；在大型压路机碾压不到的部位及台后 2.0m 范围内，填料铺筑厚度按 30cm 控制，采用人工配合挖掘机压实。

问题：

1. 事件 1 中，施工单位的施工方案是否正确？并说明理由。

2. 针对事件 2 中试验段选择存在不妥之处，给出正确做法。

3. 针对事件 2，补充工艺性试验成果内容。

4. 事件 3 中，施工单位的做法存在不妥之处，给出正确的做法。

【案例 2】

某集团公司承建高速铁路站前工程第一标段，其中某桥梁主跨为（48 + 80 + 48）m 双线预应力混凝土连续箱梁，采用悬臂浇筑法施工，边跨直线段采用满堂支架现浇。

施工过程中发生以下事件：

事件 1：连续箱梁施工前，施工队拟配置的梁部施工设备有：垂直运输设备、水平运输设备、压浆设备、托架、支架、模板、试验设备。

事件 2：边跨直线段施工前，项目经理部编制了专项施工方案：要求将施工作业平台脚手架与梁部模板连接牢固，以增加脚手架的安全性。底模安装完成后，对支架进行预压，预压重量设定为最大施工荷载的 1.0 倍，分三次预压到位。

事件 3：项目经理部委托了第三方监测单位对梁部线形进行监测。标准梁段施工前，项目经理部对施工队进行了技术交底，要求每浇筑完成 3 个梁段后，根据第三方监测单位的监测数据调整梁部线形；梁段混凝土达到张拉条件后，前移挂篮，再张拉纵向预应力筋；合龙段施工前，应分析气温变化情况，在施工当天选定近 5 天平均气温时段锁定合龙口并浇筑混凝土；中跨合龙段混凝土具备张拉条件后，先拆除 0 号块支座临时固结，再张拉底板预应力筋。

问题：

1. 针对事件 1，梁部施工还应配置哪些主要施工设备？

2．针对事件2中施工方案的不妥之处，写出正确做法。

3．针对事件3中技术交底内容的不妥之处，写出正确做法。

【案例3】

某铁路工程合同工期为25个月，经总监理工程师批准的施工总进度计划如下图所示。

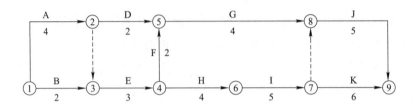

当该计划执行至7个月末时，发现施工过程D已完成，而施工过程E拖后两个月。

由于E工作延误是承包人自身原因造成，故应采取工期—成本优化方式压缩后续关键工作持续时间保证目标工期。

压缩某些施工过程的持续时间，各施工过程的直接费用率及最短持续时间见下表。

施工过程	F	G	H	I	J	K
直接费率（万元／月）	—	10.0	6.0	4.5	3.5	4.0
最短持续时间（月）	2	3	5	3	3	4

问题：

1．请说明施工过程E的实际进度是否影响原计划总工期？为什么？

2．在不改变各施工过程逻辑关系的前提下，采取工期—成本优化，原进度计划的最优调整方案是什么？为什么？此时直接费用将增加多少万元？

【案例4】

某繁忙干线铁路增建二线隧道工程，长度4500m，起讫里程为DK85＋000～DK89＋500，位于西南多雨山区。新建隧道与营业线隧道均为单线隧道，净间距为7～30m。经调查，营业线经过近三十年运营，营业线隧道存在衬砌厚度不够、拱墙背后局部脱空、拱墙有裂缝和局部剥落等病害。新建隧道所穿地层为Ⅳ、Ⅴ级软弱围岩，岩溶发育，有5条富水断层，洞口上方存在较厚松散坡积体。

施工中发生以下事件：

事件1：项目经理部工程部编制了洞口施工技术交底书，主要内容有：洞口边仰坡防护、超前支护、洞口开挖和锚喷支护。经项目总工审查，发现缺少一些关键内容，退回工程部补充完善。

事件2：项目经理部计划在新建隧道完工后，对营业线隧道与既有线路一起加固和大修。4月1日上午8时，新建隧道进行开挖爆破施工，营业线隧道拱顶发生掉块，砸到正通过该隧道的一列货车，导致该货车 5 节车辆脱轨；事故发生后，项目经理部果断设置防护，并自行组织救援；8 时 15 分，铁路运营部门发现线路中断，立即通知本单位铁路救援队赶往现场救援；铁路救援队于 9 时 20 分赶到事发地点，13 时 50 分，脱轨货车拖离现场，14 时 20 分，另一货车限速慢行通过事发地段，随后逐渐恢复正常运营。事故造成直接经济损失达 850 万元。

问题：

1. 根据背景资料，列出本工程施工安全的主要重大危险源。

2. 根据事件 1，补充洞口施工技术交底书缺少的关键内容。

3. 根据《铁路交通事故应急救援和调查处理规定》，指出事件 2 中的事故等级，并说明理由。

4. 为了防止事件 2 中事故再次发生，应采取哪些施工安全措施？

【案例 5】

某集团公司承建某新建铁路工程，技术标准为单线 I 级铁路。工程内容包括：路基、桥梁、隧道及轨道工程（不含"三电"）。

该工程投标标书编制的施工方案为：全标段划分为两个工区并安排两个综合子公司平行组织施工；轨道采取人工铺轨，T 形梁预制分别在 1 号、2 号特大桥桥头设置预制场，T 形梁采用架桥机架设，隧道采取进、出口相向作业；土建工程工期为 30 个月。工程分布与工区划分见下图。

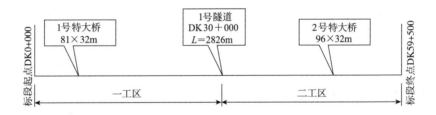

项目经理部进场后，发生了以下事件：

事件 1：项目经理部设立了施工技术部、财务部、物资设备保障部、试验中心、办公室，并计划对两个工区按专业配备施工队伍。

事件 2：施工队伍进场前，业主要求隧道工程必须由专业隧道公司承担施工，项目经理部据此对施工任务进行了重新划分。

事件 3：项目经理部对轨道工程确定的主要控制工序有：循环整道、初步整道、人工布轨、路基（桥梁）上砟、轨枕道钉锚固、人工摆放轨枕、路基成型、路基（桥梁）补砟。

事件 4：项目经理部在 1 号、2 号特大桥桥头分别设置制梁场，并配备了装梁用龙门吊等主要架梁机械。

问题：

1. 根据背景资料给出二工区所需的专业施工队伍名称及数量。

2. 指出事件 1 中项目经理部缺少的两个关键职能部门。

3. 针对事件 2，指出重新划分后合理的施工工区数量，并说明各工区施工范围。

4. 针对事件 3，列出正确的轨道工程施工流程。

5. 针对事件 4，现场架梁还应配备哪些主要机械？

 综合测试题（一）参考答案

一、单项选择题

1	2	3	4	5	6	7	8	9	10	11	12
B	C	B	D	A	C	B	A	C	D	B	A

13	14	15	16	17	18	19	20				
D	C	C	D	C	D	D	B				

二、多项选择题

1	2	3	4	5	6	7	8
A、B、C、E	A、C、D	B、C、E	A、B、C、D	A、B、C、E	A、C、E	B、C、D	A、B、D、E

9	10						
A、C、E	A、B、D						

三、实务操作和案例分析题

【案例 1】答：

1. 不正确。理由：

（1）遗漏了营业线安全防护方案。

（2）群桩不应同时开挖，应由两侧向中间间隔开挖，开挖完成后及时灌筑混凝土，成桩 1 天后才可开挖邻桩。

（3）紧邻既有铁路的软石路堑宜采用机械开挖或控制爆破。

2. 正确做法：

（1）试验段位置应选择在断面及结构形式具有代表性的地段及部位。

（2）试验段长度选择应不少于 100m。

3.（1）填料含水率控制范围。（2）压路机碾压行走速度。（3）施工工艺流程。（4）压实检测情况分析。

4. 正确做法：

（1）台背过渡段应与桥台锥体同步填筑。

（2）在大型压路机碾压不到的部位及台后 2.0m 范围，应采用小型振动压实设备碾压。

（3）填料铺筑厚度不宜大于 20cm。

【案例 2】答：

1．事件 1 中的梁部施工还需要配置的主要施工设备有：挂篮、钢筋加工设备、张拉设备（或预应力设备）、混凝土拌和设备、混凝土振捣设备。

2．事件 2 中施工方案不妥之处的正确做法：

（1）脚手架为独立体系（或与模板分离或不得与模板相接）。

（2）预压重量应不小于最大施工荷载的 1.1 倍（预压重量应大于最大施工荷载或预压重量应大于浇筑的混凝土重量）。

3．事件 3 中技术交底内容的不妥之处的正确做法：

（1）梁体线形应在各梁段分别调整，不可集中调整。

（2）先张拉纵向预应力，再前移挂篮。

（3）必须在施工当天梁体温度最低时锁定。

（4）合龙段施工后，应先张拉底板预应力钢筋再拆除临时固结。

【案例 3】答：

1．计算时间参数如下图所示。关键线路为①—②—③—④—⑥—⑦—⑨。由于 E 为关键工作，原计划总时差为 0，所以，拖后 2 个月，影响工期 2 个月。

2．进度计划调整（工期—成本优化）：

根据背景，按工期费用优化方法调整 7 个月后的进度计划。

（1）执行 7 个月后的剩余网络计划如下图所示：

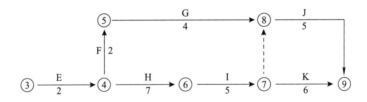

（2）确定缩短工作：可缩工作有 H、I、K。$\Delta C_{min} = 4.0$ 万元 / 月，即首先缩短 K 工作。

（3）确定缩短时间：ΔD_k 个月。

（4）直接费用增加值：$C_1 = 4.0 \times 1$ 天 = 4.0 万元。

（5）绘出新的网络计划如下图所示：

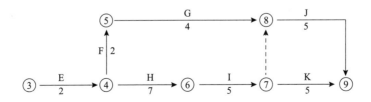

（6）第二次调整：可缩工作 H、I、J + K。

$$\Delta C_{min} = 4.5 \ 万元 / 月$$

即缩短 I 工作：$\Delta D_{6-7} = 2$ 个月

因为达到原计划的工期只需缩短 1 个月，所以，只缩短 1 个月工作，直接费用增加到：

$$C_2 = C_1 + 4.5 \times 1 \ 天 = 8.5 \ 万元$$

故得出：缩短 I、K 两项工作各 1 个月为最优调整方案，既可满足工期要求，又是所增费用最少，此时直接费用增加 8.5 万元。

【案例 4】答：

1. 本工程施工安全的主要重大危险源：营业线运营安全、隧道坍塌、突泥突水、泥石流、隧道爆破。

2. 洞口施工技术交底书缺少的关键内容：营业线防护、洞口截排水。

3. 根据《铁路交通事故应急救援和调查处理规定》判定事件 2 为较大事故。因为此事故中断繁忙干线行车 6h20min，而大于 6h 以上的为较大事故。

4. 防止事件 2 中事故再次发生应采取的施工安全措施：（1）先加固营业线隧道，后新建隧道施工；（2）新建隧道采用机械或减震控制爆破或短进尺，弱爆破；（3）加强营业线隧道的监测和观察；（4）新建隧道利用"天窗"时间爆破；（5）建立统一的应急救援体系。

【案例 5】答：

1. 二工区所需的专业施工队伍名称及数量为：隧道队 1 个，路基队 2 个，桥梁队 1 个，制梁队 1 个，架梁队 1 个，轨道队 1 个。

2. 项目经理部缺少的两个关键职能部门是：安全质量环保部和计划合同部。

3. （1）重新划分后合理的施工工区是：增加一个工区，由两个工区调整为三个工区。

（2）各工区施工范围为：

一工区：起点至隧道进口；

二工区：隧道进口至隧道出口；

三工区：隧道出口至终点。

4. 轨道工程施工正确的流程是：路基成型→路基（桥梁）上砟→轨枕道钉锚固→人工摆放轨枕→人工布轨→初步整道→路基（桥梁）补砟→循环整道。

5. 现场架梁还应配备的主要机械是：架桥机、运梁车。

综合测试题（二）

一、单项选择题（共 20 题，每题 1 分。每题的备选项中，只有 1 个最符合题意）

1. 下列施工测量缺陷中，属于严重缺陷的是（　　）。
   A. 控制点点位选择不当　　　　　　B. 上交资料不完整
   C. 起算数据采用错误　　　　　　　D. 观测条件掌握严格

2. 测量仪器的轴线可能因受振动造成几何位置变化，应经常对其进行（　　）。
   A. 拆装清洗　　　　　　　　　　　B. 检验校正
   C. 停测维修　　　　　　　　　　　D. 定期更换

3. 下列检验项目中，属于钢筋进场检验项目的是（　　）。
   A. 极限抗拉强度　　　　　　　　　B. 抗压强度
   C. 反复弯曲性能　　　　　　　　　D. 松弛性能

4. 路基填筑施工的四区段是指（　　）。
   A. 填土区段、平整区段、碾压区段和检测区段
   B. 准备区段、平整区段、碾压区段和验收区段
   C. 填土区段、整修区段、压实区段和检测区段
   D. 准备区段、整修区段、压实区段和验收区段

5. 下列悬臂式和扶壁式挡土墙施工的说法，正确的是（　　）。
   A. 每段墙的底板、面板和肋的钢筋应一次绑扎
   B. 混凝土可分次完成浇筑并设置水平施工缝
   C. 墙体必须达到设计强度的 90% 以上方可进行墙背填土
   D. 距墙身 1m 范围以内的部位，应采用小型振动压实设备压实

6. 强夯置换施打顺序宜（　　），逐一完成全部夯点的施工。

A. 由外向内，隔孔分序跳打
B. 由内向外，隔孔分序跳打
C. 由外向内，依次顺序施打
D. 由内向外，依次顺序施打

7. 钢板桩围堰的施工程序为（　　）。

　　A. 围囹的设置→围囹的安装→钢板桩整理→钢板桩的插打和合龙

　　B. 围囹的设置→钢板桩整理→围囹安装→钢板桩的插打和合龙

　　C. 钢板桩整理→钢板桩插打→围囹设置→围囹的安装和合龙

　　D. 钢板桩整理→围囹的设置→围囹安装→钢板桩的插打和合龙

8. 支承层施工宜采用滑模摊铺机进行，对于长度较短、外形不规则、有大量预埋件或在支承层上设置超高的地段，也可采用模筑法施工。采用滑模摊铺法施工时，支承层材料应采用（　　）。

　　A. 改性沥青混合料
B. 高塑性混凝土

　　C. 水硬性混合料
D. 低塑性混凝土

9. 下列桥梁结构中，不属于斜拉桥组成部分的是（　　）。

　　A. 索塔
B. 主缆

　　C. 主梁
D. 斜拉索

10. 预应力混凝土悬臂梁、连续梁、刚构、斜拉桥等结构都可采用（　　）施工方法。

　　A. 膺架法
B. 拖拉法

　　C. 悬浇法
D. 浮运法

11. 适用于各种地质条件和地下水条件，且具有适合各种断面形式和变化断面的高灵活性的开挖方法是（　　）。

　　A. 钻爆法
B. 盾构法

　　C. 掘进机法
D. 沉管法

12. 在隧道防排水施工中，能够为衬砌与围岩之间提供过水通道的设施是（　　）。

　　A. 防水板
B. 盲沟

　　C. 泄水孔
D. 排水沟

13. 根据设计文件，需要对钢轨进行预打磨时，钢轨预打磨完成时间应在（　　）。

　　A. 线路精调整理后、线路开通前
B. 钢轨拉伸、撞轨后锁定线路前

C. 线路粗调整理后、线路开通前　　D. 锁定线路后、位移观测标志设置前

14. 变压器是利用电磁感应原理来改变交流电压的装置，主要功能除电流变换、阻抗变换、隔离、稳压外还应包括（　　）。

  A. 电压变换　　　　　　　　　　B. 储存电能

  C. 电容增加　　　　　　　　　　D. 功率提高

15. 干燥环境中，（　　）不得使用。

  A. 普通硅酸盐水泥　　　　　　　B. 快硬硅酸盐水泥

  C. 火山灰质水泥　　　　　　　　D. 矿渣水泥

16. 在铁路工程项目站前工程施工中，线上工程工期主要是指（　　）的工期。

  A. 路基工程　　　　　　　　　　B. 桥梁工程

  C. 隧道工程　　　　　　　　　　D. 铺架工程

17. 真空断路器主要包含三大部分，除电磁或弹簧操纵机构和支架外还应包括（　　）。

  A. 真空灭弧室　　　　　　　　　B. 合闸线圈

  C. 触头　　　　　　　　　　　　D. 电流互感器

18. 极高风险隧道超前地质预报工作的责任主体是（　　）。

  A. 设计单位　　　　　　　　　　B. 建设单位

  C. 监理单位　　　　　　　　　　D. 施工单位

19. 铁路工程变更设计中，（　　）应对Ⅰ类变更设计文件进行初审。

  A. 承包单位　　　　　　　　　　B. 监理单位

  C. 咨询单位　　　　　　　　　　D. 建设单位

20. 在铁路建设活动中建造师、监理工程师等注册执业人员因过错造成重大质量事故时，其受到的处罚是（　　）。

  A. 一年内不得在铁路建设市场执业　　B. 三年内不得在铁路建设市场执业

  C. 五年内不得在铁路建设市场执业　　D. 国家有关部门吊销执业资格

二、多项选择题（共10题，每题2分。每题的备选项中，有2个或2个以上符合题意，至少有一个错项。错选，本题不得分；少选，所选的每个选项得0.5分）

1. 桥梁基础无护壁基坑开挖可以分为垂直开挖和放坡开挖；基坑开挖的作业方法有（　　）。
   A. 人工开挖　　　　　　　　　B. 冲抓开挖
   C. 钻爆开挖　　　　　　　　　D. 机械开挖
   E. 吸泥开挖

2. 混凝土外加剂引气剂的主要作用是（　　）。
   A. 改善拌和物和易性　　　　　B. 提高混凝土耐久性
   C. 改善物理和力学性能　　　　D. 调节凝结或硬化速度
   E. 调节混凝土空气含量

3. 路堑的基本结构包括（　　）。
   A. 路堑基床底层　　　　　　　B. 路堑基床表层
   C. 路堑排水系统　　　　　　　D. 路堑边坡
   E. 路堑道床

4. 在一般地区的路堤和路堑上都能使用的挡土墙类型有（　　）。
   A. 重力式挡土墙　　　　　　　B. 加筋挡土墙
   C. 桩板式挡土墙　　　　　　　D. 锚杆挡土墙
   E. 土钉墙

5. 桥梁基础无护壁基坑开挖可以分为垂直开挖和放坡开挖；基坑开挖的作业方法有（　　）。
   A. 人工开挖　　　　　　　　　B. 冲抓开挖
   C. 钻爆开挖　　　　　　　　　D. 机械开挖
   E. 吸泥开挖

6. 对于围岩裂隙较多、破碎、富水的地质条件下，如洞口地段、断层地段，一般要采用超前支护，其方式有（　　）。
   A. 长管棚超前支护　　　　　　B. 小导管超前支护
   C. 密管棚超前支护　　　　　　D. 大导管超前支护

E. 压浆固结超前支护

7. 无砟轨道长钢轨铺设主要有拖拉法、推送法两种方法。拖拉法铺设长钢轨应配备的主要设备有（　　）等。

A. 长钢轨推送车
B. 分轨推送车
C. 顺坡架
D. 长轨运输车
E. 引导车

8. 根据铁路建设工程安全生产管理办法，必须接受安全培训，考试合格后方可任职的人员主要包括（　　）。

A. 现场施工人员
B. 施工单位的主要负责人
C. 项目负责人
D. 项目技术人员
E. 专职安全人员

9. 下列电器设备中，属于铁路牵引供电用高压电器设备的有（　　）。

A. 高压断路器
B. 合闸线圈
C. 隔离开关
D. 高压熔断器
E. 电流互感器

10. 铁路工程验工计价依据包括（　　）。

A. 工程承包合同及其他有关合同、协议
B. 批准的单位工程开工报告
C. 指导性施工组织设计
D. 建设单位下达的投资及实物工作量计划
E. 初步设计施工图纸

三、实务操作和案例分析题（共 5 题，1、2、3 题每题 20 分，4、5 题各 30 分。请根据背景材料，按要求作答）

【案例 1】

某段新建高速铁路路基工程，主要施工内容有路堑土方开挖和路堤填筑。路堤段长度300m，最大填筑高度为 8m，所经地段大部分为水田，设计判定为软弱地基；路堤基床底层设计采用改良土填筑，基床表层设计采用级配碎石填筑，路堤填筑完成后需要堆载预压。依据《高速铁路路基工程施工技术规程》Q/CR 9602—2015 规定，路基沉降观测频次见下表。

路基沉降观测频次

观测阶段	观测期限	观测频次
填筑及堆载	一般	1 次 /d
	沉降量突变	2~3 次 /d
	两次填筑间隔时间较长	A
堆载预压及路基填筑完成	第 1~3 个月	1 次 / 周
	第 4~6 个月	B
	6 个月以后	1 次 / 月
轨道铺设后	第 1 个月	1 次 /2 周
	第 2~3 个月	1 次 / 月
	3 个月以后	C

施工中发生以下事件：

事件 1：在进行路堑开挖前，施工队开挖了堑顶临时截水沟，并对沟底进行了夯实，以防止渗漏；当路堑开挖至基底底层时，发现有坑穴，局部软弱，施工队为了不影响现场施工，直接挖开坑穴，对其进行了分层夯填处理。

事件 2：路堤填筑施工前，项目经理部编制的路基沉降观测方案为：观测内容包括地基沉降和侧向水平位移；沉降观测采用三等水准测量；观测断面设置的间距为 150m。

事件 3：在填筑路堤基床底层改良土施工前，项目经理部给施工队技术交底的内容为：基床底层进行分层填筑，分层的最大压实厚度不大于 35cm，最小压实厚度不小于 10cm；依据沉降观测数据控制填筑速率，边桩侧向水平位移量和路堤中心地面沉降量每天均不得大于 10mm，沉降值一旦超过该指标时应放慢填筑速度。

问题：

1．分别给出上表中 A、B 和 C 所代表的观测频次。

2．针对事件 1 中做法的不妥之处，给出正确做法。

3．针对事件 2 中路基观测方案的不妥之处，给出正确做法。

4．针对事件 3 中技术交底内容的不妥之处，给出正确做法。

【案例 2】

某公司项目经理部承建某铁路第三标段，起止里程为 DK1013 ＋ 100~DK1025 ＋ 850。设计资料显示标段内有正线桥梁 11 座，共有圆端形墩身 89 个，墩身型式有实心、空心两种，墩身坡比分别为 35：1、38：1 和 42：1，其中墩高 30m 以下空心墩 2 个；有 2 个桥台位于隧道口，施工场地狭窄，交通困难，桩基为钻孔灌注桩，桩径均为 1.25m，桩长分别为 12m、14m。根据施工方案，墩身内、外模板均要求采用定型钢模，且不改造后利用。施工过程中发生了下列事件。

事件1：项目经理部采用架子队模式组织施工，经招标选用了有资质的某劳务公司组建架子队承担桥梁墩身施工。双方签订了劳务承包合同，合同约定："架子队管理人员及技术人员由劳务公司人员担任，施工机械由劳务公司自带，定型模板及主要材料由项目经理部供应，劳动合同由项目经理部与劳务人员签订。"

事件2：桥梁工程施工前，项目经理部工程部部长组织编写完技术交底资料，立即下发给架子队，架子队技术负责人召开会议对班组长及全体劳务人员进行了技术交底宣讲，技术交底资料经工程部编制人员及工程部部长签字后存档。公司对项目经理部技术交底资料进行了检查，指出了存在的问题并责令整改。

事件3：项目开工一个月，公司与项目经理部签订了责任成本合同，明确项目成本预算目标为43500万元。施工过程中成本费用变化情况为：设计变更增加成本500万元，因质量问题返工增加成本200万元，因发生安全事故赔偿60万元，因市场变化材料价格上涨增加费用300万元，优化施工方案降低成本160万元。工程竣工后，公司按照成本管理动态调整原则，对项目成本预算目标进行了调整，并确定了项目经理部竣工考核成本预算目标。

问题：

1. 针对事件1中项目经理部架子队管理的不妥之处，给出正确做法。

2. 根据背景资料，从降低成本和方便施工的角度分析，该桥梁工程设计方案有哪些方面可以优化？如何优化？

3. 针对事件2中的不妥之处，给出正确做法。

4. 事件3中，项目经理部竣工考核成本预算目标是多少万元？（列式计算）

【案例3】

某施工单位承建高速铁路某隧道工程。该隧道正洞长12600m，进口平行导坑长4400m，出口平行导坑长4500m。隧道围岩岩性主要为凝灰岩，局部为花岗岩，全隧设计以Ⅱ、Ⅲ级围岩为主；局部地段隧道埋深浅，围岩破碎、软弱，地下水发育，设计为Ⅴ级围岩，地表有大量稻田，村庄密集。根据施工组织设计，全隧按进、出口两个工区组织施工。施工中发生以下事件：

事件1：项目经理部计划在进、出口平行导坑均采用压入式管道通风方案；正洞采用混合式管道通风方案。

事件2：正当对隧道进口正洞掌子面进行钢拱架支护作业时，监控量测组反映仰拱开挖地段的隧道拱顶下沉量测数据发生突变，建议值班领工员采取措施。该领工员经过仔细观察，发现该段隧道拱顶喷射混凝土表面已局部开裂，情况比较危险。为了避免隧道塌方，他立即安排一部分掌子面现场作业人员在隧道拱顶变形部位补打锚杆，加强初期支护。

事件3：在隧道出口正洞开挖时，掌子面围岩突然变差，围岩破碎，渗水量明显增大。施工单位立即将这一情况报告给监理单位，申请将掌子面前10m范围的隧道围岩由原设计Ⅲ级围岩变更为Ⅴ级围岩。监理工程师现场核实后随即签发变更指令。

问题：

1. 针对背景资料，给出合理的隧道治水原则，并说明理由。

2. 针对事件1，指出该项目经理部采取的隧道通风方案的不妥之处，并给出合理方案。

3. 指出事件2中领工员做法的错误之处，并给出正确做法。

4. 针对事件3，指出隧道围岩类别变更程序的错误之处，并给出正确的变更程序。

【案例4】

某单线铁路车站（如下图所示），在复线施工中需将站台抬高10cm，原先的两股到发线有效长度为850m，新增的到发线有效长度为1050m。

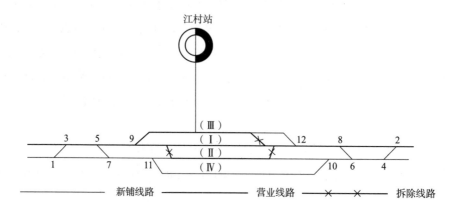

问题：

1. 写出车站施工过渡方案。

2. 写出全部单号道岔铺设方案和作业内容。

3. 写出临时要点封锁施工程序。

【案例5】

某新建高速铁路站前工程第二标段线路平面布置如下图所示。

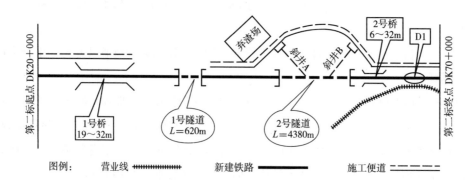

主要工程情况如下：

路基土石方共60万m³。图中D1是在营业线旁的帮宽路堤。该段营业线路堤填料为透水性材料。

双线桥梁两座，均为旱桥，墩高 8～10m，桥址处地形平缓、地质良好，上部结构均为跨径 32m 简支箱梁。箱梁由本标段自行负责施工；设计要求箱梁采用预制架设或支架现浇，具体施工方案由施工单位自行选择并按建设管理有关规定办理审批手续。

单洞双线隧道两座，均无不良地质，其中 2 号隧道围岩为Ⅲ级、Ⅳ级和Ⅴ级，三种围岩的长度各占三分之一，Ⅳ级和Ⅴ级围岩在进口和出口段均衡分布。隧道均采用钻爆法施工，洞渣弃运至图示弃渣场。由于工期紧张，需要对 2 号隧道增加斜井，图中拟定的斜井 A 和斜井 B 处均具备斜井设置的条件，只需选择其中一个斜井进行施工；两个拟定的斜井长度均为 300m，纵坡均为 5%，洞口地势均较为平缓；斜井 A 围岩为Ⅲ级，斜井 B 围岩为Ⅴ级。

全线铺设 CRTS 型双块式无砟轨道。施工单位制定的轨道工程施工方案为：（1）无砟轨道在全线正式施工前，进行首件工程施工，首件工程由监理单位选定。（2）浇筑的道床板混凝土终凝后，及时松开螺杆调整器、扣件，释放钢轨温度应力。具体松开螺杆调整器和扣件的时机需要根据施工环境温度提前试验确定。（3）铺设区间无缝线路时，工地钢轨焊接方法优先采用铝热焊。

根据合同约定，施工单位要按设计要求，在站前工程施工中为"四电"专业提供必要的接口条件。

本标段总工期为 36 个月，其中隧道工期为 24 个月。本工程为总价承包合同。

问题：

1. 根据背景资料，帮宽路堤本体应采用什么填料？说明理由。

2. 根据背景资料，本标段箱梁应选择何种施工方案？说明理由。

3. 根据背景资料，应选择哪个斜井设置方案？说明理由。

4. 针对施工单位制定的轨道工程施工方案的不妥之处，写出正确做法。

5. 根据背景资料，写出站前工程专业为电力工程专业提供的接口内容。

 综合测试题（二）参考答案

一、单项选择题

1	2	3	4	5	6	7	8	9	10	11	12
C	B	A	A	A	B	D	C	B	C	A	B

13	14	15	16	17	18	19	20
A	A	C	D	A	A	D	C

二、多项选择题

1	2	3	4	5	6	7	8
A、C、D	A、B、C、E	A、B、C、D	A、C	A、C、D	A、B	B、D、E	B、C、E
9	10						
A、C、D	A、B、D						

三、实务操作和案例分析题

【案例1】答：

1．表1中所代表的观测频次：A为1次/3d、B为1次/2周、C为1次/3月。

2．事件1中做法的不妥之处的正确做法：（1）需对截水沟进行铺砌或采取其他防渗措施，并安排专人经常检查排水情况；（2）发现坑穴应及时向监理、设计单位反映，申请变更（变更设计）。

3．事件2中路基观测方案的不妥之处的正确做法：（1）沉降观测应采用二等水准测量；（2）观测断面间距设置应根据设计确定，但不超过100m。

4．事件3中技术交底内容的不妥之处的正确做法：（1）分层的最大压实厚度不大于30cm；（2）边桩侧向水平位移量每天不得大于5mm；（3）沉降值一旦超标，应立即停止填筑，加强观测。

【案例2】答：

1．正确做法：

（1）架子队主要管理人员应由施工企业（公司）正式职工担任。

（2）施工机械及基本施工机具应由施工企业（公司、项目经理部）配置（提供）。

（3）劳动合同应由劳务公司与劳务人员签订。

2．可优化的设计方案有：（1）墩身坡比。（2）墩身型式。（3）桩基成孔方式。

设计方案可以优化为：

（1）墩身坡比做到统一，提高模板利用效率。

（2）低于30m空心墩可以优化为实心墩。

（3）靠近隧道口处桥台钻孔桩改为人工挖孔桩。

3．正确做法：

（1）技术交底应分级进行，项目总工程师（技术主管）应对项目经理部各部室及技术人员交底，项目经理部技术人员应向架子队技术负责人进行技术交底，架子队技术负责人应对班组长及全体劳务人员进行技术交底。

（2）技术交底资料应由全体参加交底人员签字并存档。

4．43500＋500＋300＝44300万元

【案例 3】答：

1. 项目经理部应按以堵为主，限量排放的原则进行治水。理由：因为该隧道局部地段埋深浅，地表有大量稻田，村庄密集，项目经理部必须按正确的原则，制定施工方案，进行有效治水，防止地表失水。

2. 不妥之处：在隧道进、出口正洞采用混合式管道通风方案。

合理方案：在隧道进、出口正洞均利用平行导坑进行巷道式通风。

3. 错误之处：

当发现监控量测数据突变、喷射混凝土表面出现异常开裂等险情时，该领工员还在组织作业人员继续施工。

正确做法：

应安排现场全部作业人员立即撤离现场，并尽快向项目经理部（或工区）汇报紧急情况。

4. 错误之处：

施工单位未及时向业主单位报告；监理单位无权单方签发变更指令。

正确的变更程序：

施工单位向业主立即报告情况，由业主组织勘测设计单位、监理单位、施工单位四方到现场进行确认，由勘测设计单位进行围岩类别变更，业主审查通过后，施工单位现场施工，监理单位检查验收。

【案例 4】答：

1. 车站过渡方案是：

（1）施工与营业线无干扰的增建二线（Ⅱ）线及（Ⅱ）线上的到发线（Ⅳ）。

（2）12 号道岔预铺插入，铺设（Ⅲ）道延长部分及旧岔拆除，12 号道岔利用旧岔信号作平移。

（3）行车走（Ⅲ）道形成过渡，9 号与 12 号道岔直股锁闭，侧股开通，（Ⅰ）线，（Ⅱ）线股道区进行抬高改造施工，（Ⅱ）线两端道岔拆除。

（4）要点临时封锁，9 号、12 号道岔一次抬高 10cm。

（5）行车走（Ⅰ）道，（Ⅲ）道封锁，9 号与 12 号道岔直股开通，侧股锁闭。

（6）抬高（Ⅲ）道，恢复（Ⅲ）道行车。

（7）施工过渡完成。

2. 单号道岔铺设方案和作业内容：

（1）1 号、7 号、11 号道岔采取原位组装铺设方案，其作业内容有铺砟碾压、铺岔枕、铺轨、精细整道（岔）。

（2）3 号、5 号道岔采取侧位预铺插入的铺设方案，其作业内容有预铺道岔、要点封锁、整体滑移、恢复信号连接、精细整道（岔）。

3. 要点封锁作业程序：

（1）提前1个月递交申请报告；

（2）批准后施工准备；

（3）实施前1小时施工单位安全人员驻站；

（4）设置施工标识，封锁作业至完成；

（5）检查线路与信号，解除封锁，移动施工标识牌撤除；

（6）施工人员撤出，驻站人员撤出。

【案例5】答：

1. 帮宽路堤本体应采用的填料：砂砾石或碎石或渗水土等透水性材料。

理由：（1）上述材料首先是符合高铁路基填料要求。（2）营业线的路堤是透水性材料，新线路基应选用与营业线透水性相同填料（或透水性更好的填料）。（3）选用透水材料能保证新线及营业线路堤的排水（或防止路基病害产生）。

2. 本标段箱梁应选择支架现浇的施工方案。

理由：（1）预制架设方案需设置预制场和大型运架设备（或投入大），不适合孔跨少的工程，而本标段箱梁数量少，且分散。采用支架现浇比预制架设能降低成本。（2）桥墩不高，地形、地质条件良好，具备支架现浇条件。（3）运梁需要过隧道，隧道施工制约着架梁工期，但不制约现浇方案的工期。

3. 根据背景资料，2号隧道拟定的斜井位置应选择斜井A设置方案。

理由：（1）斜井A的围岩比斜井B的围岩好，能降低施工安全风险和加快施工进度。（2）斜井A距离弃渣场近（或能降低成本）。

4. 施工单位制定的轨道工程施工方案的不妥之处的正确做法：（1）由建设单位或（业主单位）选定。（2）浇筑的道床板混凝土初凝后，应及时松开螺杆调整器、扣件，释放钢轨温度应力。（3）工地钢轨焊接应优先采用接触焊（或闪光接触焊或电阻焊）。

5. 站前工程专业为电力工程专业提供的接口内容：电缆槽道、电缆上下桥锯齿孔、过轨预埋管（或过轨钢管）等条件。

网上增值服务说明

　　为了给一级建造师考试人员提供更优质、持续的服务，我社为购买正版考试图书的读者免费提供网上增值服务。**增值服务包括**在线答疑、在线视频课程、在线测试等内容。

　　网上免费增值服务使用方法如下：

　　1. 计算机用户

　　2. 移动端用户

　　注：增值服务从本书发行之日起开始提供，至次年新版图书上市时结束，提供形式为在线阅读、观看。如果输入卡号和密码或扫码后无法通过验证，请及时与我社联系。

　　客服电话：010-68865457，4008-188-688（周一至周五 9：00—17：00）

　　Email：jzs@cabp.com.cn

　　防盗版举报电话：010-58337026，举报查实重奖。

　　网上增值服务如有不完善之处，敬请广大读者谅解。欢迎提出宝贵意见和建议，谢谢！